JN240177

暮らしと
霧の科学

井川 学 著

コロナ社

ま　え　が　き

　私は，主宰する神奈川大学の研究室の学生やスタッフとともに，森林衰退の原因ともなる酸性霧についての研究を丹沢大山で 1988 年から 2019 年末までの 30 年あまり行いました。霧は自然の恵みであり重要な水の供給源の一つですが，大気汚染があると霧の微小水滴内に汚染物質を取り込んで高濃度かつ酸性の霧となり，生態系に悪影響を与えます。また，霧は人の行く手を阻み，危険を招きます。しかし一方で，森や水辺に生じた霧は人々の心に訴える美しさを持っています。

　この本では，研究の中で学んだ霧の科学と，霧と暮らしとの関わりについて，そして私の研究室の霧の研究で明らかになったことについて，紹介したいと思います。環境科学を主としながらも日常生活に関することや文学や音楽まで，霧をキーワードにして紹介します。この本をまとめる中で，自然の霧だけではなく人工の霧も人々の暮らしに深く関わることを改めて実感させられました。少し専門的な説明や脇道にそれる話はコラムの形でまとめていますので，その欄は興味に応じて読んでいただければと思います。また，暮らしとの関わりを記述した 2 章を読んでから最初に戻る，というこの本の読み方もあると思います。

　私は，研究を進める中で，環境科学はすべての学問分野に関わることを痛感しました。この本を手に取られた方にも，そういった学問の広がりに興味を持っていただければ著者として嬉しく思いま

まえがき

す。この本で扱う霧に関する科学や技術には，膨大なバックグラウンドがあるので，それぞれの記述に対して引用，もしくは参考にした文献を明示しています。引用・参考文献の多くは，インターネット上で検索すると，その本文あるいは要旨までを読むことができますから，詳しくはそちらを参照してください。

2025 年 2 月

井川　学

本書の URL は，すべて 2025 年 2 月現在である。

目　　　次

1.　霧とは何か

1.1　霧の定義 ……………………………………………………… *1*
　　コラム1　pHとは何か ……………………………………… *12*
1.2　空気は気体状態の水を多量に含んでいる ………………… *15*
　　コラム2　空気中で気体となっている水の量は？ ………… *22*
1.3　霧発生のプロセス …………………………………………… *24*
　　コラム3　霧の水滴径の求め方 ……………………………… *26*
1.4　各地の霧の発生頻度とその経年変化 ……………………… *27*
　　コラム4　いろいろな単位 …………………………………… *30*
1.5　大気汚染は霧の発生を促進 ………………………………… *32*
　　コラム5　いろいろな平均値 ………………………………… *37*

2.　暮らしの中の霧

2.1　霧と暮らしとの関わり ……………………………………… *40*
2.2　文学の中の霧 ………………………………………………… *41*
2.3　絵画や音楽の中の霧 ………………………………………… *45*
2.4　霧の発生による暮らしへの障害 …………………………… *47*
　　コラム6　霧に関連する自然現象のいろいろ ……………… *50*
2.5　酸性霧の環境影響 …………………………………………… *52*

目　　　　　次

コラム7　大気汚染による酸や粒子状物質の生成 ················ 55
2.6　水の供給源としての霧 ···················· 58
　　　コラム8　霧の国際会議 ···················· 60
2.7　暮らしの中の人工的な霧の利用 ··············· 62
　　　コラム9　人工的に霧を発生させる方法 ··········· 64

3.　霧を科学する　―丹沢大山の霧の観測結果―

3.1　霧の採取方法 ························ 67
　　　コラム10　大山の歴史といま ················ 72
3.2　大山の霧の特性 ······················ 73
　　　コラム11　閉鎖系とみなされる霧 ·············· 78
3.3　霧雨の寄与 ························ 80
　　　コラム12　観測の重要性 ················· 85
3.4　酸性霧の植物への影響 ··················· 87
　　　コラム13　総合科学としての環境研究 ··········· 90
3.5　丹沢山塊の霧および霧成分濃度の経年変化 ········· 93
　　　コラム14　大気中の水滴量の求め方 ············ 98
3.6　大気中の水滴量と水滴径による特性の違い ··············· 100
　　　コラム15　露の科学 ···················· 101

4.　大気環境の異変を告げる霧 ·········· 103

引用・参考文献 ···························· 107
あとがき ······························· 114
索　　　引 ····························· 117

1 霧とは何か

1.1 霧の定義

　私は，これまで酸性霧の研究を続けてきました。**酸性雨**は教科書にも紹介され，よく知られていますが，酸性霧についてはなじみのない方が多いと思います。意外に思われるかもしれませんが，日本では酸性雨による典型被害とされる湖沼や土壌の酸性化は顕在化していません。日本でも**四日市ぜんそく**（1959年の四日市コンビナートの操業開始に伴い，排出された二酸化硫黄をおもな原因として周辺に喘息罹患者が急増したもの。水俣病，新潟水俣病，イタイイタイ病と並ぶ日本の**四大公害病**の一つ）のように深刻な大気汚染被害がありましたし，立ち枯れの目立つ森林も目にします。酸性雨とは，大気汚染成分が雨に溶け込んで生じるものであり，日本の雨も酸性になっています。しかし，酸性雨被害のあったヨーロッパや北米と違って，日本の土壌は酸への耐性が高かったのです。また，日本は降水量が多く，酸性の大気汚染成分が溶け込んでも，薄まった雨になりました。日本の大気汚染の環境影響は，大気汚染の気体成分自体とこれを吸収した霧や霧雨のような微小水滴による，人体や森林

1. 霧とは何か

への被害です。なかでも霧は水滴径が小さく、大気中の**水滴量**が少ないために、大気汚染の状況下では低い pH となります。

霧は、噴霧という言葉があるように、日常生活にも深く関わっています。霧は交通障害などを引き起こす一方で、幽玄な景観を作り出し、文学や音楽や絵画にも取り上げられています。

そこでまず、霧とは何か、霧はなぜ生じるのか、ということから

(a) 霧の発生前

(b) 霧の発生後

図 1.1 霧の発生

1.1 霧　の　定　義

考えてみましょう。

　まず，「霧」とは何かということですが，**霧**（fog）とは微小な水滴が空気中に浮遊している状態のことです（**図 1.1**）。気象観測において霧は，観測場所から肉眼で識別できる水平方向での最大距離を視程として，つぎのように定義されています[1] †。

　　　　霧：微小な浮遊水滴により視程が 1 km 未満の状態

　この定義において，「微小な浮遊水滴」によると限定されていることから，雪や雨による視程の低下は霧の定義に当てはまらないことになります。この微小な浮遊水滴を意味する霧の水滴は，雨の水

表 1.1　大気中の水滴の特性（雨と霧の比較。文献 2）を一部修正）

	水滴直径（mm）	大気中の水滴量（g/m³）	pH	イオン強度*
雨	0.4 〜 4	0.1 〜 1	4 〜 5	$10^{-4} \sim 10^{-3}$
霧	0.01 〜 0.05	0.02 〜 0.2	2 〜 6	$10^{-3} \sim 10^{-2}$

*イオン強度の定義式はつぎのとおりである。

$$\text{イオン強度} = \frac{1}{2} \sum_{i=1}^{n} m_i z_i^2$$

ここで Σ は，すべてのイオン成分について $m_i z_i^2$ の総和を求めることを意味する。m_i は 1 kg の溶媒に溶けたイオン i の量として定義される質量モル濃度（mol/kg）であるが，濃度が低い場合は一般的に使われているモル濃度（mol/L）とほぼ同じ値となる。z_i はイオン i の電荷であり，Na^+ なら 1，SO_4^{2-} なら-2 となる。

---

†　肩付き数字は巻末の引用・参考文献の番号を表す。

1. 霧 と は 何 か

滴とは何が違うのでしょうか。この違いは，**表 1.1**[2] にあるように大気中に浮かぶ水滴量と水滴の大きさです。霧の中にいても濡れをすぐには感じませんが，長くいるとしっとりとしてきます。それに対して雨ではすぐに濡れを感じるのは，表 1.1 に示した違いがあるためです。

では，大気中の水滴量が 0.1 g/m³ の霧が出て 1 km 先が見えない場合に，この 1 km の霧をすべて端に集めると，どれほどの厚さになるでしょうか。水の 1 g は 1 cm³ とみなされますから，きわめて薄い 0.01 cm，すなわち 0.1 mm の水の薄膜にしかならないことが，つぎの計算により確かめられます[3]。

$$0.1 \ \text{cm}^3/\text{m}^3 \times 1\,000 \ \text{m} = 100 \ \text{cm}^3/\text{m}^2 = \frac{100 \ \text{cm}^3}{100 \ \text{cm} \times 100 \ \text{cm}}$$
$$= 0.01 \ \text{cm}$$

これだけ少ない水滴量であっても，空気中に均一に広がった小さな水滴により光が**散乱**（一方向に進んできた波が障害物に出会ったとき，それを中心にさまざまな方向に広がっていく現象[4]）することによって，1 km 先を見えなくします。なお，この大気中の水滴量の求め方については，のちのコラム 14 で述べます。

大きさによって水滴の性質がどのように異なるかを**図 1.2** に示します。水滴が空気中に落ちると，重力によって加速しますが，速度増加に伴って空気抵抗が増大します。大きさと密度が小さい水滴は短時間で重力と空気抵抗が釣り合って**落下速度**が一定になり，水

1.1 霧 の 定 義

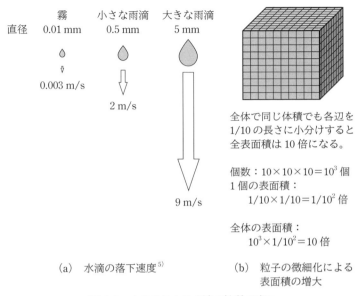

(a) 水滴の落下速度[5]　　(b) 粒子の微細化による表面積の増大

図 1.2 大きさによる水滴の性質の違い

滴径が大きくなるほど落下速度は大きく，小さくなるほど小さくなります（図 1.2（a））。

　これをより詳しく述べると，「水滴の受ける重力と，これに抗する浮力（寄与は小さい）と落下時の空気がおよぼす抵抗力とが釣り合うと，落下速度は一定になる」ということです。抵抗力は水滴径と落下速度の増大とともに増加しますが，落下速度によって変化する水滴の周囲の空気の流れ特性にも依存します[5]。落下速度は上記のように水滴径によって変わりますが，水滴径と落下速度は単純な比例関係にはなりません。

　霧のように小さな水滴では落下速度は非常に小さくなり，さまざ

5

1. 霧 と は 何 か

まな方向の気流の影響を受けて空気中に浮かんでいる状態になります。

　また，水滴が小さくなると体積当りの表面積が大きくなります。図1.2（b）ではわかりやすく立方体で示していますが，総体積は同じでも，水滴の形状が同じままでサイズが1/10になると，水滴の表面積の総和は10倍大きくなります。なお，大気中の水滴の形状は，霧のように小さい場合は球形ですが，大きくなって落下速度が増大すると落下時に変形して，まんじゅうのような形に変わっていきます[6]。

　霧の**濃度**は雨よりも高く，大気中には酸性物質だけでなくさまざまな成分が存在するために，pH範囲が広くなります。濃度とは溶け込んだ物質の量を液量で割ったものですから，溶け込む物質量が同じなら空気中の水滴量が少ない霧の中の成分の濃度は高くなるわけです。また，先ほど述べた微小水滴であることによる相対的な表面積の増大と，きわめて遅い落下速度も霧の濃度を高めます。空気中にあるさまざまな物質は，空気中に浮かぶ水滴の表面から中に拡散していきますから，単位体積当りの表面積が大きくなると溶け込みやすくなり，空気中をゆっくりと落下し浮遊する時間が長いと，さらに溶け込みやすくなるわけです。加えて，多くの大気汚染物質の空気中濃度は発生源のある地表近くのほうが高いので，地表近くで発生する霧のほうが，上空で生じて短時間で落下する雨よりも濃度は高くなりやすいといえます。表1.1では濃度の濃さを，**イオン強度**で示しています。このイオン強度とは，水に溶け込む物質にはナトリウムイオン（Na^+）のような1価のイオンだけではなく，硫酸イオン（SO_4^{2-}）のように価数の高いイオンもあるため，その水溶液特性を示すために総濃度に代えて定義されているものです。

1.1　霧　の　定　義

　なお，この本の中では，試料に溶けた各イオンの濃度の表示法として，**モル濃度**（1 L 中に何モルの物質が溶け込んでいるかを表す。単位は mol/L）だけではなく，モル濃度にイオンの価数を掛け合わせて示される**当量濃度**（eq/L）を用いています（eq は当量を意味する equivalent の略語）。それぞれの定義を示すと，つぎのとおりです。

$$\text{モル濃度（mol/L）} = \frac{\text{物質量（mol）}}{\text{液量（L）}}$$

$$\text{イオンの当量濃度（eq/L）} = \frac{\text{イオンの価数×物質量（mol）}}{\text{液量（L）}}$$

　上に述べたナトリウムイオンのような価数が 1 のイオンにおいて，当量濃度とモル濃度は等しくなりますが，硫酸イオンやカルシウムイオンのように価数が 2 のイオンの当量濃度は，モル濃度に 2 を掛けた値になります。なお，pH によってイオンの存在形態が変わり，価数も変わることが多くあります。価数が 2 の硫酸イオンでは，価数が 1 の硫酸水素イオン（HSO_4^-）との間につぎの式に示される電離平衡の関係があるため，価数 2 の硫酸イオンの濃度は pH により変化します。

$$HSO_4^- \leftrightarrows SO_4^{2-} + H^+$$

$$\frac{[SO_4^{2-}][H^+]}{[HSO_4^-]} = 10^{-1.99}\,\text{mol/L}$$

1. 霧 と は 何 か

この式から，pH 1.99 で水素イオン（H^+）の濃度が $10^{-1.99}$ mol/L となるので，このときに硫酸イオンの濃度と硫酸水素イオンの濃度が等しくなることがわかります。pH が低くなると水素イオン濃度がより多くなるわけですから硫酸水素イオンの割合が増加し，pH が高くなると逆に硫酸イオンの割合が増加します。

　さまざまな価数のイオンを含む水溶液は，溶液全体として電荷を帯びることはありませんから，電気的に中性になります。したがって，陽イオンの当量濃度の総和と陰イオンの当量濃度の総和は等しくなります。しかし，モル濃度の総和では，多価イオンの存在のため，陽イオンと陰イオンで相互に等しくなることはありません。

　工場排煙や自動車排ガスによる大気汚染が激しくなると，大気中に生じる硫酸や硝酸のために，発生する霧はこれらの酸が溶け込んで酸性度が高くなり，pH は低下します。ただし，風で巻き上げられた**土壌粒子**や，**海塩粒子**（海の表層の 2% を占めるといわれる白波の泡が，はじけた後に大気中で乾燥して浮遊した微粒子。直径は 5 ～ 10 μm がおもであり，海岸に近づくほど増える）が大気中に多くなると，これらが溶け込んだ霧の pH は逆に高くなります。

　霧は視程によって定義されますが，**視程**とは「水平方向での見通せる距離」とされています[1]。そこで，視程の測定が重要になりますが，全国各地の気象台では視程を含むさまざまな気象現象が継続的に観測されています。この視程の測定では，一定時間ごとに目視を行い目標となる建造物などの距離と比較することによって，視程を判断していました。近年は気象観測の自動化が進められ，視程に

1.1 霧 の 定 義

ついても各地の気象台で自動測定装置が導入されています。自動的に視程を測定する**視程計**としてはいくつかの原理に基づく装置が市販されていますが，光を照射し，空気中の粒子による光の強度の減少度合いや粒子によって生じた散乱光の強度を測定し，これらの値を対応する視程に換算して求められています[7]。各地の気象観測所で公開されている気象観測データの多くは1時間ごと，あるいは10分ごとの値ですが，視程については時間間隔がより長くとられていました。自動測定に変更されたところでは，より詳細な1時間ごとの視程の値が公開されています。

　ここで，視程の程度を決めるのは何なのかを確認しておきましょう。視程の低下は光の散乱が強くなることで起こり，おもには浮遊する**粒子状物質（エアロゾル）**によるものですが，霧の場合は大気中に浮遊する水滴によるものです。もし，空気分子による散乱だけなら，視程は約 300 km になるとされています[8]。地球は球状ですから，水平方向に見通せる距離には限りがありますが，その限界もほぼそれくらいになります。じっさい，富士山が見える最も遠い地点として確認されているのは，富士山山頂から直線距離で 323 km 離れた和歌山県の色川富士見峠（標高約 800 m）とされています。

　濃い霧で視程が小さな値となるのは，大気中に水滴量が多いからであろうことは容易に想像されます。しかし，もしそれだけなら，表 1.1 から雨のほうが霧よりも水滴量が多いのですから，雨のほうが視程が小さくなるはずです。視程を決めるもう一つの重要な因子は，水滴径です。光の散乱特性は粒子径に依存し[8]，霧の水滴では小さくなると散乱しやすくなる傾向があります。また，同じ大気中

1. 霧 と は 何 か

の水滴量であっても，水滴径が小さくなると図 1.2（b）にあるように水滴数は増加し，総表面積が増大して繰り返し散乱するので，視程が低下します。霧の場合の視程（V〔m〕）のおもな支配因子は大気中の水滴量（w〔g m^{-3}〕）と水滴径（Dp〔μm〕）であることから，**Tarbert の公式**（$V = 1.3\,Dp/w$）が知られています。ただし，実際の霧で観測すると，必ずしもこの式のとおりにはならないようです[9]。

　日本各地の霧の発生状況について，気象庁は従来の地上での視程の観測だけでなく，2019 年 6 月より**霧プロダクト**[10] として静止気象衛星ひまわりのデータを用いた情報提供を開始しています。この静止気象衛星ひまわりは，地球の自転と同じ周期で地球の周りを回っているので，地球から見るとつねに同じ場所に停止しています。ひまわりから見たいくつかの光の波長の画像と，地上および上空の気温や湿度のデータから，地上の霧の発生状況を明らかにしているわけです。ただし雲の下にある霧は，残念ながら現状では上空から知ることはできません[11]。

　以下に，霧に関連する用語についての気象庁の定義[1] を紹介しておきます。
- **濃　霧**：　視程が陸上でおよそ 100 m 以下，海上でおよそ 500 m 以下の霧。
- **霧　雨**：　微小な雨滴（直径 0.5 mm 未満）による弱い雨。
- **もや（靄）**：　微小な浮遊水滴や湿った微粒子により，視程が 1 km 以上，10 km 未満となっている状態。
- **煙　霧**：　乾いた微粒子により，視程が 10 km 未満となってい

1.1 霧　の　定　義

る状態。

もやと煙霧は一般に湿度によって区別され，湿度 75% 未満を煙霧，75% 以上をもやと定義しています。

雨や雲はその程度などが気象庁により詳細に定義されていますが，つぎの意味で使われています [12]。

・雨：　大気中の水蒸気が高所で凝結し，水滴となって地上に落ちるもの。

・雲：　空気中の水分が凝結して微細な水滴や氷晶の群となり，高く空に浮いているもの。

雲と霧との区別は困難であり，雲が地上に接した場合を霧と呼んでいます。麓から見える山にかかった雲も，その中にいる人にとっては霧となります。このため，研究論文では霧と雲をあわせて**雲**（cloud）と表現する場合が多くあります。なお，上の文の中で使われている**凝結**は，凝縮と同じ意味です。水蒸気が水滴となる水の相変化（1.2 節参照）を表す凝縮という現象は，大気中では浮遊する微細な粒子状物質を核として起こりますが，このときの粒子は従来から**凝結核**と呼ばれています。

また，霧に関連する以下の言葉は，気象用語ではありませんが，生活の中でよく使われます [13]。

・霞：　山など遠くの景色がかすんで見える現象であり，微細な水滴や水を含んだ微粒子が空中に浮遊するために起こります。霧やもやと同じ現象を指しています。

・**スモッグ**（smog）：　smoke（煙）と fog（霧）の合成語であり，大気汚染物質によって視程が低下する現象を意味します。

11

1. 霧 と は 何 か

　なお，日常生活では，視程よりも**視界**という言葉がよく使われます。視界は，気象用語である視程と違って数値化されるものではなく，何らかの物体にさえぎられずに見渡せる範囲を意味します。この視界の良し悪しが，都市の命運を変える重要な意味を持ったことがあります。

　第二次世界大戦の末期，1945 年 8 月 6 日にアメリカ軍によって広島に原子爆弾が投下されました。さらに，8 月 9 日に長崎にも投下され，日本の敗戦は決定的なものとなりました。この長崎への投下について，当初は大規模な軍需工場があった小倉（現在は北九州市）に投下する予定であったとされています。しかし，原子爆弾（原爆）を積んだ爆撃機 B29 が飛来したとき，小倉上空は視界が悪かったため，当初の計画は変更され，B29 は第二の目標地である長崎上空に移動して原爆を投下しました[14]。

　この原爆により，長崎は広島と同様に爆心地一帯が焼け野原となりました。長崎の原爆による死者約 7 万人，広島の原爆による死者約 14 万人とされています[15]。さらに，その後も多くの被爆者が後遺症に苦しみました。このような悲劇は世界中でけっして再び起こしてはならないことです。

コラム I　　　　　　　　　　　　　　**pH と は 何 か**

　pH（ピー・エイチ）の p とは power（べき：X の Y 乗，つまり X^Y），H とは水素イオン H^+ を表しており，pH とは水素イオン濃度（$[H^+]$ として表す。単位は mol/L，略して M）の対数値にマイナスを付けた値（$-\log[H^+]$）です。いいかえれば，水素イオン濃度の逆

1.1 霧 の 定 義

数の対数を意味しており，水素イオン濃度は 10^{-pH} mol/L となります。

なお，pH の厳密な定義は濃度ではなく，正確に溶液の性質を決める「活量」を用いた，「水素イオン活量の逆数の対数」です。しかし，普通は濃度を用いて考えれば充分です。以前はドイツ語読みでペー・ハーと呼んでいましたが，現在は英語読みでピー・エイチと呼ぶことになっています。pH は 0 から 14 までで，中性の pH7 を境に水溶液は酸性かアルカリ性になる，という説明がされることが多く，実生活ではそれで困ることはありません。しかし，じつはこの説明は，正確ではありません。

水溶液中の水分子（H_2O）の一部は電離して，つぎの式で表されるように，水素イオンと水酸化物（OH^-）イオンになります。

$$H_2O \leftrightarrows H^+ + OH^-$$

この二つのイオンの濃度の積を水のイオン積といいますが，この値は温度と圧力に依存する一定の値となります。1 気圧 25 ℃では 1.0×10^{-14} mol^2/L^2 であり，水素イオンと水酸化物イオンの濃度がそれぞれ等しい場合を**中性**といいます。このときの水素イオンと水酸化物イオンの濃度は 10^{-7} mol/L となりますから，pH7 が中性となります。水素イオンの濃度のほうが高い 7 より小さな pH の場合を**酸性**，水酸化物イオンの濃度のほうが高い 7 より大きな pH の場合を**アルカリ性**（塩基性ともいう）というわけです。ただし，温度と圧力が変わると水のイオン積の値も変わります。したがって，中性の値も温度と圧力によって少し変化するのですが，普通は pH7 という値を中性として議論します。なお，「中性」は定義からすると水素イオンと水酸化物イオンの濃度が等しいわけですから，中性に近い水溶液を作ることは容易でも，正確に中性の水溶液を作ることは困難です（暮らしの中で使われる「中性」物質には中性洗剤がありますが，これは主成分である界面活性剤が水に溶かしても水素イオンや水酸化物イオンを生じるこ

1. 霧とは何か

とのない洗剤のことです)。

　pHは対数として定義されていますから，pHが1違うと，水素イオンあるいは水酸化物イオンの濃度は10倍異なります。また定義上，水素イオンの濃度が1 MでpH0に，水酸化物イオンの濃度が1 MでpH14になります。しかし，酸の濃度は1 M以上のことがありますし，代表的なアルカリ性の物質である水酸化ナトリウムも水によく溶けますから，1 M以上の溶液は容易に作れます。したがって，pHは0から14までしかない，わけではありません。ただし，水溶液の濃度が高まると，先に述べた活量が濃度と異なっていくことには注意が必要です。

　身近な酸性物質としては，酢や柑橘類の果汁があり，身近なアルカリ性物質としては，アンモニアや重曹(炭酸水素ナトリウム)などが挙げられます。このpHは一般に，水素イオン感応性ガラス膜を有するガラス電極と比較電極との間で水素イオン活量に応じて生じる電位差を測定する，**pHメータ**という分析装置を使って求められます。簡易的には，pHによって色が変わる**万能pH試験紙**を用いて，おおよそのpHを知ることができます。単に酸性かアルカリ性かだけを知るためなら**リトマス試験紙**を用い，赤色のリトマス試験紙を水溶液につけて青色になればアルカリ性，青色のリトマス試験紙が赤色になれば酸性，と知ることができます。このpHによる変色は，試験紙に染み込ませた色素の化学構造がpHにより変化するためです。

　梅雨の時期を彩るアジサイの花(**図**)の色も，土壌のpHによって変わります。アジサイの花のもともとの色は赤なのですが，土壌が酸性になると土壌から溶け出したアルミニウムイオンと色素が結合するため，リトマス試験紙とは逆に酸性土壌において青色になるとされています[16)]。

図 アジサイの花

1.2 空気は気体状態の水を多量に含んでいる

　霧は大気中の水蒸気が水滴へと相変化したものなので，水の相変化について確認しておきましょう。**図 1.3** は水だけが存在する空間での**固相**（氷）- **液相**（水）- **気相**（水蒸気）という三つの相の相変化を示したものです[17),18)]。横軸に温度，縦軸に圧力の対数をとっています。図の矢印で示したそれぞれの相変化は，**融解，凝固，蒸発，凝縮，昇華**と呼ばれます。複数の相が共存するときは線上の条件にあるときであり，三つの相が共存する**三重点**が低温低圧で存在します。この三重点は，水だけが存在する空間で起こる現象です（気相には水蒸気のみが低圧で存在し，液体の水と氷が共存します）。水の三重点は**絶対温度**（℃の単位で示す摂氏温度に 273.15 を加えた数値に，K の単位を付けて表示したもの）を決める基準点になっていましたが，2019 年以降はほかの SI 単位（コラム 4 参照）と関

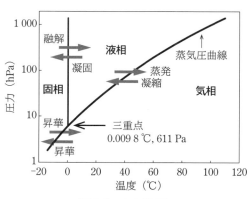

図 1.3 水の相変化

1. 霧 と は 何 か

連付けたより厳密な定義に変わりました。なお，これによって温度の数値が変わるものではありません。

　私たちの日常生活では空気中にある水を扱っており，空気中にある水は温度の上昇に伴って氷，水，水蒸気と変化するので，三重点を実現することはできません。氷の昇華，水の蒸発・凝縮は，空気という気相の存在のためにつねに起こっています。水は空気とは反応しませんから，図 1.3 の液相・固相と気相との境界を示す**蒸気圧曲線**は，縦軸を水蒸気の分圧として考えるなら**飽和水蒸気圧曲線**とみなされます。ここで水蒸気の**分圧**とは，空気の全圧力に空気中の水蒸気の体積割合を掛け合わせて求められる圧力です。水は沸騰するとさかんに蒸発しているのがわかりますが，100 ℃以下でも蒸発は起こっています。静置した水の界面では，水温に依存した一定の水蒸気の分圧を示し，この分圧を**飽和水蒸気圧**と呼んでいます。この飽和水蒸気圧は水温の上昇とともに増加し，1 気圧（1 013 hPa）では 100 ℃，正確には 99.974 ℃で周囲の圧力と同じになります。このとき，液体の内部で起こる相変化によって生じた水蒸気により，さかんに気泡を生じる**沸騰**という現象が起こります（高山では気圧が 1 気圧より低くなるため，水の飽和水蒸気圧が 100 ℃より低い温度で周りの圧力と同じになり，水は 100 ℃にならずに沸騰してしまいます）。このまま熱を加えながら放置すると，温度は変わらずに水が蒸発し続け，やがて水がすべて気体の水蒸気になると，その水蒸気の温度は上昇していきます。

　霧の発生において，飽和水蒸気圧曲線は非常に重要なので，あらためて**図 1.4** にこの曲線を示します。縦軸は水蒸気の分圧であり，

1.2 空気は気体状態の水を多量に含んでいる

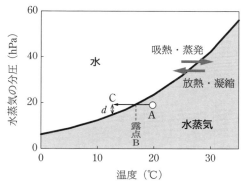

点Aの状態の水蒸気を含む空気の温度が露点Bを超えて点Cの温度まで下がると，水蒸気の分圧は点Cの温度の飽和水蒸気圧を越えるので，飽和水蒸気圧との分圧差 d に相当する水蒸気が凝縮して液体になる。
図 1.4 飽和水蒸気圧曲線

大気中の水蒸気のみによる圧力です。図 1.4 の飽和水蒸気圧曲線と図 1.3 の蒸気圧曲線とでは形状が異なっていますが，これは図 1.3 の縦軸が対数表示であるためです。図 1.4 の点 A の空気は，冷やされて**露点**（観測点の水蒸気が冷やされて水滴を生じ始める温度）B を超え，点 C の温度になったとき，この点 C の温度の飽和水蒸気圧を越えているので，図 1.4 中の圧力差 d に対応する水蒸気が液体の水になります。

図 1.4 に示している相変化に伴う熱の出入りも非常に重要です。液体の水を気体の水蒸気に変えるには加熱が必要であることはいうまでもありませんが，汗が蒸発するときには熱が奪われ，皮膚表面が冷やされます。一方，水蒸気が液体になるときには熱を放出します。この熱の放出は，感覚的にはわかりづらいことですが，液体が気体になるときに熱を必要とするわけですから，逆の現象では熱の

1. 霧 と は 何 か

出入りも逆になります。なお，図 1.4 では気相 - 液相間の相変化の熱の出入りを示していますが，同様の熱の出入りは液相 - 固相間あるいは気相 - 固相間の相変化のときにも起こります。

このように水は，相変化に伴う熱の出入りが大きいため，環境中において大きな気温変動を抑制します。さらに，空気や土に比べて水は大きな**比熱容量**（1 g の物質を 1 度上昇させるのに必要な熱量）を持ち，熱しにくく冷めにくい性質を持っていることから，水辺には温度変化が弱まった過ごしやすい環境が作られます。

天気予報で気温とともによく伝えられている**湿度**は，空気中の水蒸気の分圧とその空気の温度の飽和水蒸気圧との比を百分率で表示したものとして定義されています。日本の 2019 年度の都道府県平均気温は 16.2 ℃，平均湿度は 70% [19] なので，平均気温の数値から飽和水蒸気圧は 18.4 hPa となり，この値に平均湿度の値を掛け合わせることによって日本の平均水蒸気圧が求められます。そして，この水蒸気圧と大気圧との比が空気中の水蒸気の体積割合ということになります。じっさい，平均気温と湿度から，日本の平均的な空気中の水蒸気の体積割合は大気圧を 1 気圧（1 013 hPa）としてつぎの式のように計算され，1.3% となります。

$$
\begin{aligned}
水蒸気の体積割合（\%）&= 飽和水蒸気圧 \times 湿度 \div 大気圧 \\
&= 18.4 \text{ hPa} \times 70\% \div 1\,013 \text{ hPa} \\
&= 1.3\%
\end{aligned}
$$

一方，空気中の成分の割合について，つぎのような順であることを理科の授業で教わります。なお，アルゴンのつぎに多いのは温室

1.2 空気は気体状態の水を多量に含んでいる

効果で重大な問題となっている二酸化炭素ですが，その割合は0.04％とかなり小さくなります。

①窒素：78.08％，　②酸素：20.95％，　③アルゴン：0.93％

　上記で計算した水蒸気の割合は，3番目のアルゴンよりも高くなっています。高い割合なのに水蒸気が示されていないのは，一般にいわれている空気の成分では乾燥空気中の割合を示すことになっているからです。これは，地球上にはさまざまな気温とさまざまな湿度の場所があり，水蒸気の体積割合は場所や高度，季節や天気によって，大きく変わってしまうためです。

　霧の発生を考えるとき，温度とともに湿度が重要なのですが，湿度はどのように測定しているのでしょうか。以前はおもに，乾球温度計と湿球温度計とを並べ，水の蒸発熱によって生じる乾球と湿球の温度差と気温によって求めるか，あるいは毛髪温度計における毛髪の長さの変化によって測定していました。

　前者については，まず同じ性能の棒状の温度計を2個並べ，片方の温度計のみその下端をガーゼに包み，ガーゼの一端を水の入った容器に入れておきます。表面が濡れた温度計では湿度に応じて異なった速度で水が蒸発し，蒸発時に蒸発熱を奪うため，乾燥した温度計より低い温度を示します。このため，乾球と湿球の温度差と乾球温度計の温度とを測定し，換算表を用いて湿度を求めることができます。また，後者の毛髪湿度計は，湿度による毛髪の伸び縮みの違いを利用して値を求めるものです。現在ではおもに，吸湿による高分子材料やセラミックスなどの物理特性（静電容量，抵抗，長さ

1. 霧 と は 何 か

など）の変化により，湿度測定がなされています。

　液体あるいは固体の水からは水蒸気がつねに蒸発し，温度に依存した飽和水蒸気圧を示します。ですが，この飽和水蒸気圧を示すのは水の界面で接した空気の薄い層だけであり，界面から離れると湿度100%のときを除いて地表の水蒸気が飽和することはありません。つまり，飽和した水の界面では蒸発速度と水蒸気の凝縮速度がみかけ上は釣り合っていますが，発生した水蒸気が周囲に拡散する場合は蒸発速度がまさり，霧や露（コラム15参照）の成長時のように大気中の水滴の体積が増えているときは凝縮速度がまさっていることになります。

　水から蒸発した水蒸気は，上空で冷やされると凝縮して水滴となります。上空で生じた水滴はさらに成長したり合体したりして，大きな水滴となると雨となって地表に戻ります。蒸発量と降水量は，各地域でみると相互に異なっていますが，地球全体としては等しくなります。

　図 1.5 は地球全体におけるさまざまな形での水の存在量と，相互の移動量を示しています[20]。図 1.5 では地球規模で示しているので，例えば陸地の降水として示されている値 11.0×10^{16} kg y^{-1} を地球の陸地の総面積[17] 1.47×10^8 km^2 で割れば，陸地の平均的な降水量 7.5×10^8 kg km^{-2} y^{-1} が求められます。この値は，1 kg はおよそ 1 L の水の質量であり 10^{-3} m^3，1 km^2 は 10^6 m^2 なので，0.75 m y^{-1}，すなわち 750 mm y^{-1} という世界の陸地の平均年間降水量に換算されます。また，図 1.5 にもあるように地球上のほとんどの水は海水であり，多くの陸上生物はこれを摂取することができませ

1.2 空気は気体状態の水を多量に含んでいる

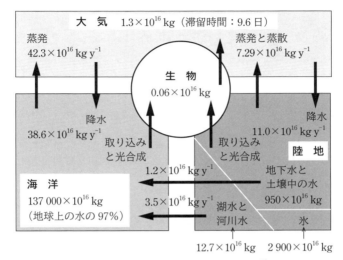

図 1.5 地球上の水の循環と存在割合[20]

ん。地球上の水のうちのわずかに約 0.001％の水が気化し，多くの陸上生物が摂取可能な塩分の少ない雨となって地表に降り注ぐことで，水の循環が起きています。

なお，図 1.5 の大気中の水の領域に示した**滞留時間**は，寿命ともいい，つぎのように定義されます。ある領域に存在するもの，この場合は大気中の水ですが，蒸発や**蒸散**（おもに気孔の開閉により，植物体から水蒸気が空気中に出ていく現象[21]）によって供給されるとともに，降水によって大気から除かれます。供給がないまま，供給があるときと同様の一定の降雨強度で雨が降り続けるとして，大気中のすべての水蒸気がなくなるまでに要する時間，これを滞留時間と呼んでいます。すなわち，地球規模での大気中の水の全量（1.3

1. 霧 と は 何 か

$\times\ 10^{16}$ kg）を陸地と海洋の全降水量（11.0 $\times\ 10^{16}$ kg y^{-1} ＋ 38.6 $\times$ 10^{16} kg y^{-1}）で割って得られる値（0.026 年＝ 9.6 日）です。実際の大気中では蒸発や蒸散と降水が同時に起こり，水蒸気は拡散していますから，この値は水が置き換わる速度の目安にすぎません。海水について滞留時間を計算すると，主要な流出経路は蒸発ですから，海水の量を海からの蒸発速度（正確には速度ではなく，流束といいます）で割ることにより，3 200 年と求められます。このような滞留時間を比較すると，大気中の水はきわめて短期間で置き換わっているといえます。

コラム 2　　　　**空気中で気体となっている水の量は？**

図 1.4 に示した飽和水蒸気圧の値と湿度から，空気中に存在する水蒸気がすべて液体になったとしたらどんな量になるか，計算することができます。これは，化学の授業で習う**理想気体の状態方程式** $PV = nRT$ を，単位体積当りの水の質量 m/V を求める式に変形し，適切な数値を代入することにより計算されます。

$$PV = nRT = \frac{m}{M}RT \quad \rightarrow \quad \frac{m}{V} = \frac{PM}{RT}$$

上式で P は圧力，V は体積，n はモルで表す物質量，R は気体定数，T は絶対温度，m は質量，M は分子量を表します。日本の 2019 年度の平均的な気温と湿度の値である 16.2 ℃，70％から，上記の式を計算し，g m^{-3} の単位で求めてみましょう。圧力 P はこの場合には水蒸気の分圧になり，本文で述べたように，この温度での飽和水蒸気圧 18.4 hPa に湿度 70％を掛けた値になります。M は水の分子量に相当し，18.0 g/mol となります。気体定数 R は 8.314 J mol^{-1} K^{-1}，絶対温度 T

1.2 空気は気体状態の水を多量に含んでいる

は（16.2 + 273.15）K となります。1 Pa = 1 N m^{-2}, 1 J = 1 N m ですから，空気中の水蒸気量（g m^{-3}）はつぎのように計算されます。

$$空気中の水蒸気量（g m^{-3}）= \frac{PM}{RT}$$

$$= \frac{1\,840\,\text{Pa} \times 0.70 \times 18.0\,\text{g mol}^{-1}}{8.314\,\text{J mol}^{-1}\,\text{K}^{-1} \times 289.35\,\text{K}}$$

$$= \frac{1\,840 \times 0.70\,\text{N m}^{-2} \times 18.0\,\text{g mol}^{-1}}{8.314\,\text{N m mol}^{-1}\,\text{K}^{-1} \times 289.35\,\text{K}}$$

$$= 9.6\,\text{g m}^{-3}$$

計算結果の 9.6 g/m^3 という値は，表 1.1 で示した大気中の霧の水滴量の 50 〜 500 倍になります。水蒸気は無色透明の気体なので目で見ることはできませんが，空気は大量の水を含んでおり，上空で冷やされたなら多量の水の供給源になり得ることがわかります。だからこそ，ときには大雨が降ったりするわけです。

なお，ここで計算した大気中の水蒸気量（g m^{-3}）のことを絶対湿度といいます。これに対して先に述べた湿度は，飽和水蒸気圧と比較した相対的な値なので，相対湿度とも呼ばれます。湿度の定義に用いられている各温度の飽和水蒸気圧は数表[22]からわかりますが，つぎの式により概算することもできます[23]。ただし，この式の T は温度（℃）を示しています。

$$飽和水蒸気圧（hPa）= 6.11 \times 10^{\frac{7.5\,T}{T + 237.3}}$$

気温の変化による霧の発生も，図 1.4 に示した飽和水蒸気圧の値の温度依存性から予測できます。例えば，26 ℃で湿度 95%の状態から温度が 1 ℃低下した場合はどうなるでしょうか。26 ℃の飽和水蒸気圧は 33.64 hPa ですから，湿度 95%のときの水蒸気圧は 31.96 hPa となります。一方，25 ℃のときの飽和水蒸気圧は 31.70 hPa ですから，こ

1. 霧 と は 何 か

の飽和水蒸気圧を超過している差分 0.26 hPa に相当する水蒸気は液化します。このコラムの空気中の水蒸気量を求めた式の圧力の項にこの分圧差を代入し，25 ℃の条件で計算すれば 0.19 g m^{-3} となり，この値がこのときに生じた空気中の霧の水滴量ということになります。自然界では，このような気温の変化に伴って霧が発生しているのです。

I.3　　　　　　　　　　　　　　　　　　　　霧発生のプロセス

　空気が冷やされて飽和水蒸気圧が低下し，その空気の水蒸気圧より低くなると水滴が生じます。ただし，水蒸気圧が飽和水蒸気圧を上回るとただちに水滴が生じるわけではなく，いったん限度を超えて空気中に水蒸気が存在する**過飽和**（かほうわ）と呼ばれる状態になった後に水滴が生じ，水蒸気圧が低下して，飽和の状態に移行します。また，水蒸気から水滴への相変化は，空気中に浮かぶ微小粒子の表面で起こります[6]。この気体から液体になる現象は，飽和溶液の温度が下がるといったん過飽和になり，容器の壁や不純物を中心に結晶が析出（せき）して，飽和溶液になる現象と類似しています。

　大気中での水滴の生成は，大気中に浮遊する微粒子（エアロゾル）が吸湿性を持つと，容易に起こります。海塩粒子が代表例ですが，粒子の持つ吸湿性のために水蒸気を吸収し，湿度の増加によりさらに吸収すると**潮解**（ちょうかい），固体の微粒子から液体の微粒子になります。液化の始まる湿度を潮解湿度（ちょうかいしつど）といい，海塩粒子の主成分である塩化ナトリウム（NaCl）の潮解湿度はおよそ 75％ですが，共存するマグネシウム塩はさらに低い値です。潮解した塩が再び乾燥する湿度

1.3　霧発生のプロセス

は潮解湿度より低いので，吸湿性塩の周りにいったん生じた水滴は
なかなか蒸発せず，液状のエアロゾルとなります。また，代表的な
大気汚染物質である硝酸塩やアンモニウム塩も潮解湿度が低いの
で，大気汚染が激しくなると，そのときの気温に対する飽和水蒸気
圧に達していなくとも霧が発生します。

　霧の発生メカニズムにはさまざまなものがありますが，そのメカ
ニズムによって，霧は滑昇霧，放射霧，混合霧，蒸気霧，前線霧，
移流霧に大きく分類されます[13),24)]。滑昇霧は，昼間に日射によっ
て暖められた山の斜面で谷風（たにかぜ）と呼ばれる上昇気流が起き，上昇した
気塊（きかい）（気温や湿度がほぼ均一な空気の塊）の気圧が低下して膨張し
温度が低下することによって発生する霧です。放射霧（ほうしゃぎり）は夜間の放射
冷却で地面近くの空気が冷やされて生じる霧で，冬季に多くなりま
す。盆地で多く見られる盆地霧（ぼんちぎり）はこれによるものです。混合霧（こんごうぎり）は湿っ
た暖かい空気と湿った冷えた空気が混合して生じた霧，前線霧（ぜんせんぎり）は前
線での暖気と寒気の混合により生じた霧，蒸気霧（じょうきぎり）は水面からの水蒸
気が冷やされて生じた霧，移流霧（いりゅうぎり）は水蒸気を多量に含んだ空気が低
温の地域に移流して冷やされて生じた霧です。

　霧の発生は地形にも強く依存します。繰り返しになりますが，山
で発生する山霧の多くは滑昇霧として発生し，盆地で発生する盆地
霧の多くは放射霧によるものです。海面で発生する海霧（うみぎり）（かいむ，
とも読む）は，水蒸気を含んだ空気が移流し冷たい水面で冷やされ
て生じる移流霧として発生するケースが多いのですが，暖かい水面
からの水蒸気が水面上部の冷たい空気で冷やされて生じる蒸気霧の
場合もあります。逆に川面で発生する川霧（かわぎり）は，暖かい水面からの水

25

1. 霧 と は 何 か

蒸気による蒸気霧が多いのですが，冷たい水面で冷やされて生じる移流霧の場合もあります。温度の異なる湿った空気の混合により生じる混合霧も，海や川で発生します。一方，地形にあまり依存しない霧としては，前線霧があります。

霧は基本的に水蒸気を多く含む空気が冷やされることによって生じるものであり，冷やされるメカニズムによって霧の分類がなされます。ただし，混合霧だけは少し様子が違っています。混合霧は，温度の異なる二つの気塊がいずれも水蒸気を飽和に近く含んでいる場合に，それらを混合すると温度と水蒸気圧がもとの二つの気塊の値の間になり，図 1.4 の飽和水蒸気圧曲線は下に凸ですから，その温度の飽和水蒸気圧を超えて霧が生じるものです。

霧発生時に生じる水滴の量については，図 1.4 を用いて説明したとおりです。いずれの霧の場合も，水蒸気が水滴になると熱を放出しますから，周りの気温を少し上昇させます。

コラム 3　霧の水滴径の求め方

　霧の水滴径はどのような方法で求めるのでしょうか。以前から行われていたのは，マグネシウムリボンを燃やしてスライドガラス上に白色の酸化マグネシウムの層を作り，この上に雨滴や霧の水滴を衝突させる方法です。衝突した水滴により，酸化マグネシウムは水酸化マグネシウムに変化して透明感が出ますから，その大きさを顕微鏡で測定するわけです。酸化マグネシウム以外にも，さまざまな材料の上に水滴を落とし，その水滴跡のサイズを調べる方法が報告されています。

1.4　各地の霧の発生頻度とその経年変化

　ただし，この方法ではいずれも，おおよそ球体であったものが平板上に広がるわけですから，水滴跡のサイズのほうが水滴径より大きくなるので，実際の水滴径を求めるためには補正が必要です [25],[26]。シリコンオイルなどのオイルに水滴を落下させ，浮かんだ水滴径を求めるという方法もあります。この方法では球としてサイズ測定することも可能になりますが，水の蒸発に気を付ける必要があります。このほかにも，水滴を液体窒素などに落として，氷の粒として凍ったままでそのサイズを求める方法など，さまざまな方法が提案され，その手法の詳細が報告されています [27]。

　機器による計測も可能であり，フォッグモニタと呼ばれる分析機器が使われます。この方法では，分析装置内に導いた空気に光を当て，水滴による光の透過性の変化や散乱を解析することにより，水滴径の分布を知ることができます [28]。

1.4　各地の霧の発生頻度とその経年変化

　霧の発生件数は，その地域の自然環境によって大きく異なります。**図 1.6** は，気象庁により公開されている日本各地の気象データ [13] のうち，代表的な地点における霧の年間発生日数の経年変化をまとめたものです。

　山岳部のデータとしては富士山（15 年間）と阿蘇山を示していますが，滑昇霧が発生するため，いずれも高い値を示しています。根室の霧の件数も高い値を示していますが，これは夏に暖かい風が南から流れ込み，冷たい寒流である親潮と接することによって発生する海霧の移流によるものです。盆地に位置し，吉井川が流れる岡山県の津山も高い値を示しています。盆地の霧は放射霧が多いとさ

27

1. 霧とは何か

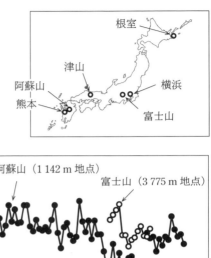

図 1.6 日本の各地の年間霧発生日数の変遷

れています。

　興味深いのは横浜と熊本です。横浜は大都市の代表として示しており，熊本は九州の県庁所在地としては福岡に次ぐ規模の都市です

1.4 各地の霧の発生頻度とその経年変化

が，阿蘇山に近いので比較の意味もあって示しています。これらの都市では，非常に顕著かつ経年的な減少傾向が表われています。都市部の霧の発生頻度を支配する因子としては，気温，周囲の環境，霧の凝結核となる粒子状物質の濃度，が挙げられます。霧の発生頻度減少の原因となるのは，地球の温暖化と都市化に伴う湿度の減少です。また，大気汚染によって凝結核濃度が増加すると霧の発生頻度は増加するので，大気汚染の改善も霧の減少要因となりますが，日本の大気汚染は 1960 年代がピークとされ，その後改善されました。

両都市の全体としての減少傾向は，おもに温暖化と都市化が影響しているものと思われます。図 1.6 に示されている 1960 年代までは大気汚染が減少傾向を遅らせており，大気汚染が改善されたことがその後の顕著な減少の要因になったのではないかと考えられます。ほかの地点の山霧，海霧，盆地霧もわずかに減少傾向がみられますが，おもには他の強い自然因子により発生している霧であるため，横浜や熊本のような顕著な傾向を示してはいません。

なお，霧発生頻度の季節依存性は場所によって異なり，海霧の多い根室や釧路では夏，放射霧の多い津山では秋から冬にかけて，発生頻度が高くなります。滑昇霧の多い阿蘇山では霧発生の季節変動は小さいのですが，富士山やこの本の 3 章で述べる丹沢大山では麓の湿度の季節変化が大きく，湿度が低くなる冬に発生頻度が低くなっています。

霧の発生頻度の減少には，地球の温暖化による気温の上昇に伴う湿度の減少が影響しています。一方，温暖化により海面水温が上昇すると水面からの水の蒸発が促進されます。世界各地の海面水温は年によって上下を繰り返しながらも，上昇傾向にあります。なかでも関東地方近海の海面水温は上昇と下降を繰り返しながらも，2005

1. 霧 と は 何 か

年から 2020 年までの 15 年間だけをみると 2 ℃も上昇しています [29]。
このため，場所によっては湿度が増加して霧の発生頻度が増加に転
じていく可能性も否定できません。なお，視程の測定を目視から自
動測定へ切り替えたことで短時間の発生も記録できるようになり，
霧の発生が従来よりも高い頻度で確認される可能性があります。

コラム 4　　　　　　　　　　　　　　　　**いろいろな単位** [30]

　この本で頻繁に示される濃度を表すためには，**単位**が使われます。
言語や習慣の異なる人々が議論や物の売買をするときには，共通の認
識を得るために世界共通の単位を使うことが必要です。また，科学の
進歩に伴い，単位にはより厳密な定義が必要になってきました。

　このような目的のために，**国際単位系**（SI。名前の由来は仏語の Le
Système international d'unités）が世界的に使われています。**SI 単位**に
はメートル（m），キログラム（kg），秒（s），アンペア（A），ケルビ
ン（K），カンデラ（cd），モル（mol）という七つの基本単位があり
ます。これらは単独で，あるいは組み合わせて，さまざまな自然現象
を定量的に表すことができます。例えば圧力は，単位としてパスカル
（Pa）を使いますが，これは SI 単位を組み合わせて（SI 誘導単位と呼
ばれる），$1 \, Pa = 1 \, kg \, m^{-1} \, s^{-1}$ と定義されています。オングストロー
ム（Å）やバール（bar）は SI 単位ではないため，最近はほとんど使
われなくなりました。リットル（L）は SI 単位ではありませんが，よ
く使われています。ただし，科学論文では L を使わず dm^3 が使われる
ことが多くなっています。なお，dm^3 は立方デシメートルと読みます
が，dL に慣れ親しんでいるせいか，デシ立方メートルと間違って読
まれがちですので，注意が必要です。

1.4 各地の霧の発生頻度とその経年変化

　ものの長さや重さを測ることは生活に不可欠ですから，各国でさまざまな独自の単位系が使われていました。日本でもかつては尺貫法といわれる単位系が使われていましたが，1891 年に度量衡法が交付され，メートル法が使われるようになりました。その後，度量衡法が計量法に変わり，1993 年の計量法の改正により，原則として SI 単位を用いることになりました。日本でいまも日常生活の中でよく使われている昔からの単位は，広さを表す「坪」や「畳」くらいでしょう。しかし，世界には，その国の昔からの単位系の多くをいまもそのまま使っている国があります。その代表はアメリカであり，ヤードポンド法を生活の中でおもに使っています。フリーウェイの速度表示も時速何マイルですし，圧力単位も psi（ポンド / 平方インチ）ですから，アメリカで生活するときには SI 単位への換算が大変です。

　SI 単位は世界共通なので便利ですが，これらの単位だけですと，非常に大きい数値や小さい数値を表すのに 10 の何乗というべき乗を使わなければならなくなり，不便です。そこで，km や mm のようにキロ（k）やミリ（m）などの **SI 接頭語** を SI 単位に組み合わせて用いることになっています。よく使われる SI 接頭語を，その意味とともに以下に示します。

$$\text{テラ（T）：}10^{12}, \quad \text{ギガ（G）：}10^{9}, \quad \text{メガ（M）：}10^{6},$$
$$\text{キロ（k）：}10^{3}, \quad \text{ヘクト（h）：}10^{2}, \quad \text{デカ（da）：}10^{1},$$
$$\text{デシ（d）：}10^{-1}, \quad \text{センチ（c）：}10^{-2}, \quad \text{ミリ（m）：}10^{-3},$$
$$\text{マイクロ（}\mu\text{）：}10^{-6}, \quad \text{ナノ（n）：}10^{-9}, \quad \text{ピコ（p）：}10^{-12},$$
$$\text{フェムト（f）：}10^{-15}$$

　濃度表示の目的では，SI 単位のほかに **ppm** もよく使われます。ppm は％と同様に割合を示す言葉であり，parts per million の略で $1/10^{6}$ という意味です。さらに，$1/10^{9}$ の意味の **ppb**，$1/10^{12}$ の意味の **ppt**，$1/10^{15}$ の意味の **ppq** も使われます。これらの表示法と SI 単位と

1. 霧 と は 何 か

の関係は，つぎのとおりです。

　大気中の濃度の場合において，ppm で表された値は体積比となります。これは，1 気圧の大気に対する分圧と等しいので，温度を指定するならコラム 2 で示したように理想気体の状態方程式を用いて，$g\ m^{-3}$ などの濃度単位の値に変換できます。

　水溶液でも ppm を使って濃度表記することがありますが，水溶液の場合において ppm で表された値は質量比であり，水溶液を $1\ g\ cm^{-3}$ として計算しています。したがって，$1\ mg\ L^{-1}$ なら「1 L すなわち $1\ 000\ cm^3$ の水溶液である $1\ 000\ g$ 中に 1 mg」あるという意味なので，これを 1 ppm と表記することになります。ただし，水の密度は正確には $1\ g\ cm^{-3}$ ではないので，希薄溶液であったとしても水溶液濃度に ppm を利用することはあまり推奨できません。

　大気中の濃度の場合は分圧比，モル比，体積比のいずれも同じ数値であり，この数値を使って ppm の数値を示します。空気は 1 mol が約 29 g なので，質量比を求めても実感として捉えにくいため，ppm を質量比として示すことはありません。一方，水を大気と同様にモル比で評価すると，1 mol の水は 18 g なので捉えにくくなります。

　このように，水と大気ではそれぞれ実感として把握されやすい形で ppm や ppb などが使われており，数値の意味が異なることに注意が必要です。

1.5 　　　　　　　　　　　　大気汚染は霧の発生を促進

　霧の発生条件についてより詳細に考えるために，横浜地方気象台で測定された霧発生頻度とほかの気象条件の経年変化[31] について，

1.5　大気汚染は霧の発生を促進

気象台の最寄りの大気汚染測定局で測定された粒子状物質濃度の経年変化[32)]とともに，**図 1.7** に示します。先述のように，視程 1 km 未満であれば霧，1 km を超えるともやと定義されます。しかし，1 km を境に変わるのは定義だけで，これを境に何か急激な変化が起こるはずはありません。霧発生時の湿度は多くの場合 100%，ないしはそれに近い値です。ただし，大気汚染により凝結核の濃度が増加すると，より低い湿度で霧が発生することがあります。視程が大きくなるにしたがって大気中における液体の水の存在量は低下し，これに伴って湿度も低下していきます。視程が 1 km 以上 10 km 未満のときも，湿度が 75% 未満なら煙霧と定義されるので，霧，もやに加えて煙霧もたがいに関連する気象現象であるといえます。

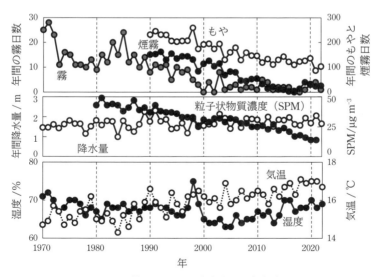

図 1.7　横浜の SPM と気象条件の経年変化

1. 霧 と は 何 か

図 1.7 に示すように，霧，もや，煙霧頻度のいずれの経年変化も，横浜では減少傾向を示しています。この変化は同時に示した大気中の微粒子濃度の経年変化とも連動しており，霧やもやの凝結核となる粒子状物質濃度の減少がこれらの発生頻度に影響しているものと考えられます。なお，ここで示した **SPM**（suspended particulate matter）とは，大気中に浮遊する粒径 10 µm 以下の粒子状物質の濃度を意味しています。

　日本では明治以降の産業の興隆とともに大気汚染が始まり，1960年台に最も激しくなって四日市ぜんそくなどの公害が大きな問題になりました。その後，さまざまな規制と対策がなされ，大気環境は大きく改善されました。現状で十分であるとはいえませんが，この改善によって凝結核となる粒子状物質の濃度が減少した結果，霧，もや，煙霧すべての発生頻度が減少し，図 1.7 に示す結果となっているとも考えられます。かつて頻繁に起こったもややや霧の凝結核と，煙霧の原因になった粒子状物質は，おもに汚染した空気中の二酸化硫黄や窒素酸化物から生じた酸や塩類，それに加えて**煤塵**（すすや燃えカスなどの微粒子 [12]）であったと考えられます。

　大気汚染が霧発生を促進することは重要な問題ですので，横浜の場合を例にもう少し詳しく調べてみましょう。**図 1.8** はいくつかの年代における 10 年間の月ごとの霧発生日数の平均値を示しています。1930 年代と現在までを比べるとすべての季節で霧の発生頻度は大きく減少していますが，夏季の霧の発生件数は 1970 年までほとんど変化がなく，大気汚染の影響を強く受けた 1961 年からの10 年間には 7 月に高い霧の発生頻度を示しています。図 1.8 から，夏を中心にした暖かい季節の霧の発生件数は，大気汚染の影響を強く受けて増減していると考えられます。では，具体的に霧発生時に

1.5 大気汚染は霧の発生を促進

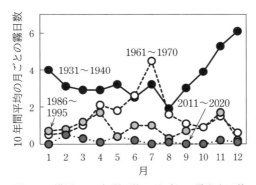

図 1.8 横浜の 10 年間平均の月ごとの霧発生日数

どんなことが起こっているか，気象条件と大気汚染状況とをあわせてみてみましょう。

図 1.9 で示した 2009 年 6 月 22 日の霧の場合ですが，霧の発生前後はもやとなっています。湿度は 90% 程度で推移していますが，10 時ごろ，SPM の上昇に伴って霧になっています。一方，2019 年 11 月 25 日の場合ですが，もやが発生した湿度が 100% 近くの状態から，早朝の放射冷却によりさらに気温が低下して霧になっています。この場合の SPM は低い値を保っており，大気汚染の影響で発生した霧でないことがわかります。

図 1.6 から図 1.9 までの結果から，つぎのようなことがいえると思います。日本の海岸近くの多くの都市では，温暖化と都市化により，霧の発生頻度は減少してきました。しかし，大気汚染の激化により多量に生じた潮解性の汚染物質が凝結核となって霧の発生頻度の減少傾向が鈍化し，一時は逆に増加しました。その後，大気汚染が改善されたことにより，霧の発生頻度が再び減少に転じています。

1. 霧とは何か

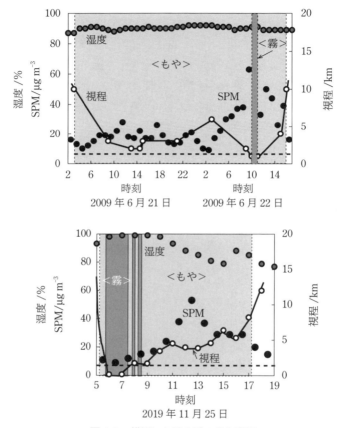

図 1.9 横浜における霧の発生事例

　これまで述べてきた大気汚染の改善による霧の発生頻度の減少は，2章で述べるロンドンの霧をはじめ，ヨーロッパや北米の各地で報告されています。一方，中国やインドのように大気汚染の改善が顕著にみられない地域では，霧発生頻度の減少もみられていませ

1.5　大気汚染は霧の発生を促進

ん[33),34)]。ただし日本でも，地理的条件が支配的な因子となって霧が頻繁に発生する場所では，霧の発生頻度の経年変化はわずかです。霧発生頻度の変化を比較するときは，大気汚染の状況だけではなく地理的条件についても考慮する必要があります。

　霧の発生頻度は，さまざまな自然環境因子や，都市化，大気汚染などにより影響されています。これまでは横浜を中心に述べてきましたが，公表されている各地の気象データや大気汚染データは膨大であり，より詳細にこれらのデータを検討すれば，霧発生などの自然界で起こる複雑な気象現象を司っている原理をいっそう明らかにすることができるでしょう。図1.7では，温暖化と都市化による気温の経年的な上昇がみられます。これに伴って飽和水蒸気圧が増加し湿度は減少しますが，2005年以降の湿度は逆に増加に転じています。この原因としては，関東近海の海面水温の上昇の影響が想定され，湿度がさらに増加すると霧発生頻度の増加につながる可能性も考えられます。

コラム 5　　　　　いろいろな平均値

　平均値（へいきんち）は日常生活の中で広く使われており，いくつかの数値の総和を，数値の個数で割ることによって求めます。しかし，これにとどまらないさまざまな平均値が使われることがあります。

　・体積加重平均（たいせきかじゅうへいきん）：　一連の霧や雨の試料濃度の平均値を求めるには，体積加重平均を求めます。これは，1回1回の試料の量が異なるのに，単純な平均を求めたのでは，その影響を評価できないから

1. 霧とは何か

です。このため，すべての試料をいったん一つの容器に入れてかき混ぜた後の濃度はどうなるか，という数値を求めます。具体的には，試料ごとの数値と体積を掛け合わせたものの総和を試料の全体積で割ることによって求められます。すなわち，試料ごとの体積によって数値に重みづけをして，平均を求めるというものです。

・**移動平均**： 気象観測や大気汚染物質の濃度などの年平均値が，年によって大きくばらつくことは珍しくありません。そのような場合に，例えば 5 年間ごとの平均値を順送りに求めていく，つまり「2001 年から 2005 年までの平均値」「2002 年から 2006 年までの平均値」…，といったように 1 年ごとにずらして平均値を求めると，各年のばらつきを超えた大きな変動が見やすくなります。

・**pH の平均値**： これを求めるには，水素イオン濃度の体積加重平均を計算し，その値に対する pH を求めます。

　ただし，各地の雨の平均 pH や，数年間の雨の平均 pH は，pH の単純な平均値で示すことが多いようです。そうすると，雨の各成分の平均値も同様に求めますから，水素イオン濃度の平均値から求めた pH と pH 値の平均値が一致しない，ということが起こってきます。例えば水素イオン濃度 1 mM と 2 mM の平均値は 1.5 mM で，これに対する pH は 2.82 ですが，水素イオン濃度 1 mM と 2 mM は pH で示すと pH3.00 と pH2.70 で，この平均値は 2.85 となります。したがって厳密な取り扱いでは，どのように平均値を求めたかということが重要です。

・**中央値**： 気象観測の平均値は，その地域の気象状況を知るための重要な情報です。しかし場所によっては，雨が降らない日が続くが，年に数日間だけ豪雨になる，ということもあります。そういった場所の平均値は，豪雨のときの数値が影響して実感と合わ

ない数値情報になります。そこで，観測値をその大小によって順に並べ，中央にある数値（観測値の総数が偶数個の場合は中央にある二つの数値の平均値）をその地域の特徴を表す数値として用い，これを中央値と呼んでいます。

　関連して述べておきますが，多数の数値の分布を表すために**箱ひげ図**（図）が用いられることがあります。この箱ひげ図とは数値を大きさの順に並べ，最大値と最小値を棒線で示し，大きさの順の 1/4 と 3/4 の値を一つの箱の両端として，中央値を箱の中に棒線で入れ，平均値を×印などで示すというものです。この箱ひげ図は，最近では中学校の理科の教材にも取り入れられています。

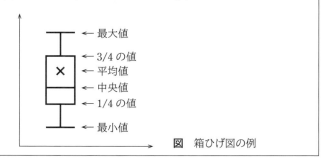

図　箱ひげ図の例

2 暮らしの中の霧

2.1 霧と暮らしとの関わり

　霧が出ると行く手がさえぎられ交通障害などをもたらすことから，日常会話の中でも不鮮明な状況を霧という言葉で表すことが多くあります。例えば，「五里霧中」は，「深い霧が五里四方に立ち込めて，全く方角が分からないような状態に陥ること[35]」とされています。コロナ禍の中では，新型コロナウイルス感染症の後遺症で頭がぼんやりとした状況が続くことを，脳の霧，「ブレインフォグ (brain fog)」といっていました。また，「雲散霧消」は，「雲や霧が消え失せるように，物事が一時に消えてなくなること[12]」という意味で使われています。しかし，霧はネガティブなイメージだけを有しているわけではなく，日本文化の特徴の一つである幽玄な世界を作り出す自然現象でもあります。また，生活の中で役立てられてもいます。降水量の少ない地域では，雨は降らなくとも霧は出るので，霧を集めて水資源とする試みがなされています。加えて，乾燥防止や暑さ対策で水を噴霧することが行われています。そこで，本章では，暮らしの中の霧について考えてみましょう。

2.2 文学の中の霧

霧という言葉で思い浮かぶ文学は，人によってさまざまでしょうが，松本清張の「日本の黒い霧」は代表的なものといえるでしょう。これは 1960 年に発表されたノンフィクションであり，戦後のさまざまな重大事件の裏側を鋭く描いたことで，大きな反響がありました。松本清張はそのほかにも「霧の旗」（1959 年）や「彩霧」（1963 年），「霧の会議」（1984 年）といった，「霧」を題名に含めた小説を書いています。

ヴィクトール・フランクルが，ヒトラーのユダヤ人虐殺を描いたノンフィクション「夜と霧」も有名です。なお，この題名は 1956 年に日本で出版された際に名付けられた題名であり，1946 年に出版されたドイツ語の原題は「心理学者，強制収容所を体験する」とでも訳されるものです。訳本題名の「夜と霧」は，1955 年にフランスのアラン・レネ監督によって製作された映画の題名にも使われています。この題名は，ヒトラーによる Nacht und Nebel（夜と霧）作戦に由来しており，この作戦とはナチスに対する抵抗運動をした人を誰にもわからないうちに拉致する，というものでした[36]。

「霧」と似た意味で用いられる言葉として「藪」があり，「藪の中」は「霧の中」とほぼ同じ意味で使われています。しかし，先の松本清張のノンフィクションも「日本の深い藪」と名付けられていたら，この本を手に取る人に，問題の深刻さや広がりを感じさせなかったでしょう。芥川龍之介の 1922 年の作品に「藪の中」という短編小説があります。これは，立場によって人は異なる捉え方をするとい

2. 暮らしの中の霧

うことをテーマにした面白い小説ですが，この題名が「霧の中」で
あったら，かなり印象の違ったものになったでしょう。

　自然現象としての霧が文学の中で取り入れられている例は多くあ
ります。イギリスの代表的な詩人キーツ（1795 ～ 1821 年）は"To
autumn"という詩で豊かな自然の中の実りの秋を歌っていますが，
その詩の出だしはつぎのように霧（mist）の季節として描かれてい
ます。

> Season of mists and mellow fruitfulness,
> 　Close bosom-friend of maturing sun;
> （霧と豊かな実りの季節，
> 　実りをもたらす太陽という親愛なる友）

キーツの育ったロンドンは，かつては霧の都といわれていましたが，
現在では霧の発生はまれになっています。ロンドンの霧の発生件数
の推移を報告した論文[37]によると，1700 年以前は小氷河期であっ
たため寒冷で年間の霧発生頻度は 20 日を超えていたところ，しだ
いに減少しいったんは半減しましたが，1800 年くらいから大気汚
染のために増加に転じ，1890 年代にピークとなって年間発生件数
は 70 日くらいになったとのことです。その後，大気汚染が改善さ
れて再び減少し，1970 年頃には 10 日以下になっています。

　日本は海と山に囲まれ，山間部や海では霧が頻繁に発生するため，
霧は昔から人々の暮らしの中に溶け込んでいました。例えば，「源
氏物語」では

2.2 文学の中の霧

　　　　山里の　あはれをそふる　夕霧に
　　　　　立ち出でむ空も　なき心地して

という和歌に詠まれ，主人公である光源氏の長男が夕霧と名付けられています。また，百人一首にも

　　　　朝ぼらけ　宇治の川霧　たえだえに
　　　　　あらはれわたる　瀬々の網代木†

という川霧を歌った権中納言定頼による短歌があり，情景が浮かんでくるようです。

　俳句では，霧は秋の季語ということになりますが

　　　朝霧，夕霧，夜霧，山霧，川霧，野霧，薄霧，濃霧，狭霧，
　　　霧の帳，霧襖，霧の籬，霧の海，霧の谷，霧の雫，霧雨，
　　　霧時雨

のように多くの季語があります。なお，ほかの季節の霧も，夏の霧，冬の霧，のように季語として使われ，気象用語ではありませんが霞という言葉を，春の霧を表す季語として使っています[38]。

　地名についても，**図2.1**に示すように，「霧」の付いた場所が日本各地にあります。霧積温泉は，森村誠一の1975年の作品「人間の証明」の中で，黒人青年の「キスミー」という言葉から推論され

---

　†　川の浅瀬で魚を取るための仕掛けの杭

2. 暮らしの中の霧

図 2.1 霧と関連付けられたおもな地名と霧の名所

るという印象的なストーリーの舞台となったところです。また，霧がよく発生することで有名な場所には，**三次市**や歌にもなった**摩周湖**があります。三次市は盆地であるとともに江ノ川を含む三つの川が合流するため水蒸気の十分な供給があり，霧が発生しやすい条件がそろっています。摩周湖は，標高が高く，周りが山で囲まれた湖であるために霧が発生しやすく，加えて海霧の流入のため霧に覆われやすくなっています。また，兵庫県の朝来市にある霧の中に浮かぶ竹田城は，天空の城として有名です。この古城跡は標高 350 m の地点にあって，眼下には円山川が流れて水蒸気の供給があり，盆地状になっているため，霧が発生しやすい地形条件にあります。

霧の類似語である霞も，霞ヶ関や霞ヶ浦のように，地名として使

2.3 絵画や音楽の中の霧

われています。さらに広げて雲を含む地名ということなら，出雲市をはじめ，非常に多くなります。ただし，地名の中には自然現象にちなむものばかりではなく，同音の言葉に対する当て字として霧，霞，露，雲などの言葉が使われている場合もあります。

　その他，世界的に霧で有名な場所といえば，名曲「想い出のサンフランシスコ」の中で歌われる霧のサンフランシスコをはじめ，カナダのセントジョンズ，イタリアのポー川流域などがあります。

2.3　絵画や音楽の中の霧

　文学の中で使われる「霧」という言葉から，われわれは幻想的な雰囲気をイメージしますが，霧には見た人の心を動かすものがあり，絵画の中にも多く描かれてきました。日本を代表する画家ともいえる東山魁夷の代表作「山雲」は，山間部の森林にかかる霧が描かれ，唐招提寺の障壁画となっています。水墨画にも多く描かれていますが，浮世絵では霧の中，旅人が駕籠や馬に乗って宿を出発する様子を描いた，歌川（安藤）広重の「東海道五拾三次」の一つ，「三島朝霧」が有名です。この浮世絵は，所蔵館である静岡県立美術館の承認を得て，この本の表紙に掲載しています。

　霧の持つロマンチックなイメージは，音楽の世界でも好まれています。「夜霧のしのび逢い」は，世代にもよるかもしれませんが，誰もが知っている曲といえるでしょう。かつて大ヒットした物悲しいギター曲ですが，この曲はギリシャ映画（英語名 The Red

2. 暮らしの中の霧

Lanternes）が 1965 年の日本公開にあたって「夜霧のしのび逢い」と名付けられ，主題曲として使われたクロード・チアリの「La playa（浜辺）」も国内ではこの映画の題名で知られるようになりました [39]。原題と大きく印象の異なる名称ですが，この命名が大ヒットに一役買ったのではないでしょうか。

歌謡曲で有名なものにもいろいろあります。布施　明の「霧の摩周湖（1966 年）」もその一つですし，石原裕次郎の「夜霧よ今夜も有難う（1967 年）」も有名です。「霧」にちなんだ歌はこのほかにも，「夜霧の慕情」「霧にむせぶ夜」「夜霧のブルース」「霧氷」などなど，たくさんあります。外国の歌にも，先に述べた「想い出のサンフランシスコ」のように，霧の風景が歌詞に取り上げられているものがあります。

上記はカラオケでも歌われるような大人の歌ですが，世代を越えて誰もが知っている霧が登場する歌としては，文部省唱歌の「冬景色」がその代表例といえるでしょう。

> さ霧消ゆる湊江†の
> 舟に白し，朝の霜。
> ただ水鳥の声はして
> いまだ覚めず，岸の家。

また，北原白秋が作詞した「城ヶ島の雨」では，もの悲しい雨と

---

†　港のある入江 [12]

霧の情景が歌われています。

> 雨はふるふる　城ヶ島の磯に
> 利休鼠[†]の　雨がふる
> 雨は真珠か　夜明けの霧か
> それともわたしの　忍び泣き

　このように霧は人々の心を揺さぶり，日本の文化に大きな影響を
与えています。

2.4　霧の発生による暮らしへの障害

　霧は人々の暮らしにさまざまな影響を与えますが，まず思い浮か
ぶのは，視程障害でしょう。霧がかかると行く手が見通せなくなり，
交通機関には大きな打撃となります。

　飛行機は上空の雲の中でも計器を使って飛行できますが，滑走路
の確認ができない霧のときは強風時や積雪時とともに，離着陸が困
難になります。このため，飛行場では視程計の一種である滑走路視
距離（runway visual range, RVR）計によって滑走路をどこまで見
られるかを判断し，その程度により離着陸が可能かどうかを判断し
ています[40),41)]。また，視程が悪くても離着陸が可能なように，電
波で飛行機を誘導できる装置も開発されています。何段階かのレベ

[†]　緑色を帯びたねずみ色[35)]

2. 暮らしの中の霧

ルがあり，国内の主要空港や霧の多い空港では最新鋭設備を備えています。これを活かすには，飛行機も対応する設備を搭載する必要があります。しかし，特に着陸時に極端な濃霧になると，最新鋭の機器でも着陸できなくなります。その場合は，出発地を含む別の空港に着陸するか，霧が晴れるのを上空で待つことになります。

　船舶では，霧の中では灯台の光が見えないので，代わりに**霧笛**や**霧砲**により音を鳴らして知らせていました。しかし，霧砲はあまり広まらないまま廃れ，灯台からの霧笛の役目も日本では 2010 年に終わりました。代表的な霧笛舎である旧犬吠埼霧信号所霧笛舎は，国の重要文化財としていまも見学することができます。ここでは，濃霧で灯台が見えなかったり，灯台からの光がさえぎられたりするとき，霧笛舎の屋根から突き出した大きなラッパから 30 秒間隔で「ヴォー」という大きな音を 5 秒間鳴らすことにより，犬吠埼の位置を知らせていたのだそうです [42]。現在は霧笛はすべて廃止され，レーダや GPS の位置情報によって運行がなされており，航行する船は汽笛音の霧中信号を出して衝突を避けることが，海上衝突予防法 [43] と海上衝突予防法施行規則 [44] に定められています。

　ロマンを感じさせる霧笛は，いまはもう使われなくなりましたが，港町横浜出身の作家大佛次郎による代表作の一つとして「霧笛」という小説が 1933 年に発表されています。この小説を読むと，「異人さん」が現れた開港間もない頃の港町横浜の雰囲気を知ることができます。また，店名に「霧笛」を冠した店も横浜にはあります。

　車に乗っているときに周りが霧に包まれ，不安な思いをすること

2.4 霧の発生による暮らしへの障害

は多いと思います。濃霧のときは,車は光源が下向きになるロービームで低速運転し,フォッグランプがあれば点灯して,目の前をクリアにするとともに対向車へ存在をアピールし,車間距離を十分に保って運転することが必要です。さらに,運転継続が危険と判断されるときは,駐車場,あるいは高速道ならサービスエリアやパーキングエリアなどの安全な場所で待機し,霧が晴れるのを待つこと,とされています[45)]。

登山のときも,濃霧になると方向感覚が狂わされ,人を不安にさせます。霧は慣習的にガスと呼ばれることがありますが,ガスが出ると登山道を見失わせ,遭難につながることもあります(**図 2.2**)。山で身を守る術は限られていますから,気象予報に注意して登山計画を立て,登山ルートの難易度に合わせた十分な準備が必要です。

図 2.2 霧の中の登山道

2. 暮らしの中の霧

　そのほかにも，サッカーや野球の試合中に濃霧が発生し，球が判別しにくくなって試合が中断されることもまれに起こります。

　霧の影響を除く工夫もこれまでなされてきました。特に飛行場においては，生じた霧を消して視界を確保することは重要です。このため，霧の水滴を成長させて大きな水滴にすることにより視界を広げることを目的として，凝結核となる物質を上空から散布するという方法があります。また，乾燥空気あるいは加熱した空気を噴出させることにより，湿度を下げて霧を消滅させる方法もあります。しかし，霧がつぎつぎに移流してくる場合もあり，実際の利用には困難もあるようです[46]。

　海霧が移流しやすい北海道の東岸では，北海道開拓の初期からカシワやトドマツなどからなる防霧林が作られています。これは霧による日射量の減少や過湿から農作物を守るためです。この地域では1950年代から世界的にも先駆的といえる霧の研究が行われ，風下での霧水量の減少という観測結果からも，防霧林の有効性が確認されています[47]。

コラム 6　霧に関連する自然現象のいろいろ

　霧についてこれまで述べてきましたが，霧に関連する自然現象には多くのものがあります。このコラムでは，これまでまだ触れていなかったもののうちからおもなものについて，簡単に説明します[4),13)]。

2.4 霧の発生による暮らしへの障害

- **雲　海**：　霧発生の場合と同様に湿度の高い空気が冷やされ，気塊が安定に存在する条件において，海のように見える雲，雲海が生じます。高山に登ったときや飛行機の窓から，眼下に雲を見る（図）ことは多くありますが，湖面や川面で生じることもあります。摩周湖の雲海，雲海に浮かぶ竹田城などは有名ですが，首都近郊の箱根芦ノ湖の湖面でも雲海が発生することがあります。

図　丹沢大山山頂から相模湾を見下ろす眼下の雲

- **霧　氷**：　標高の高い山において，冬季に霧が発生する条件で樹木の細枝の表面で水蒸気が氷となり，それが成長して生じます。水蒸気からだけではなく過冷却の水滴が付着して生じることもあります。3章で丹沢大山の霧の観測結果を述べますが，その大山でも寒い冬の日の観測登山中に一度だけ霧氷を見ることができました。霧氷になると，周り中が白い世界に変わり，とても綺麗です。

- **樹　氷**：　霧氷の一種であり，樹木の周りに霧氷が発達成長したものです。それがさらに大きくなると，スノーモンスターと呼ばれます。

2. 暮らしの中の霧

- **ダイヤモンドダスト：** 空気中で小さな雨滴が，周囲の気温が零下になることによって凍ってキラキラと輝くとき，これをダイヤモンドダストと呼んでいます。

- **ブロッケン現象：** 山に霧がかかった状態で自分の影が霧に映ると，霧の水滴による光の散乱で生じた光の干渉により，影の周りに虹のような光の輪が生じる現象です。ドイツのブロッケン山でよく見られたことからこの名が付いていますが，グローリーあるいは御来迎とも呼ばれます。

- **ウィルソンの霧箱：** 放射線の存在を明らかにするために，イギリスの物理学者ウィルソンが 1897 年に発明した方法です。過飽和状態となった密閉空間中を外部からの放射線が通った跡に，放射線によってイオン化した気体を凝結核として，飛行機雲のような白線が現れるものです。その後の機器の発達により，現在では研究目的で使われることはありませんが，視覚に訴えるので，教育的な目的で使われることがあります。霧の生成という観点からも，過飽和の状態に凝結核が投入されることによって生じる，ということを実感できる興味深い手法です。

2.5	酸性霧の環境影響

　酸性雨については教科書でも紹介されていますが，**酸性霧**についてはあまり知られていません。酸性霧について説明する前に，酸性雨について簡単に説明しておきます。酸性の定義はコラム 1 で説明しました。しかし，空気中には 1.2 節でも説明したように二酸化炭素（CO_2）が約 0.04 ％含まれ，この二酸化炭素は水に溶けるとその

うちの一部がつぎの式のように電離して，炭酸水素イオン（HCO_3^-）と水素イオンになります。

$$CO_2 + H_2O \leftrightarrows HCO_3^- + H^+$$

このときに生じた水素イオンのために，溶けた水の pH は 5.6 になります。また，汚染のない場所でも，空気中には微量ですが，水に溶けると二酸化炭素より電離しやすい二酸化硫黄（SO_2）や有機酸などが自然起源で存在し，雨はこれらの影響を受けます。大気汚染の影響による酸性雨とは，pH5.6 以下の雨，より厳密には pH5 以下の雨とされています。ヨーロッパや北米では，大気汚染により生じた酸性雨が湖沼や土壌を酸性化させたり，樹木を枯れさせたり，建造物の腐食を早めたりするということが大きな問題となりました。霧は，このような性質を持つ雨よりさらに酸性になります。なお，酸性霧は「さんせいむ」というと酸性雨と発音が似ていて紛らわしいため，「さんせいぎり」あるいは酸性の霧と呼ばれています。

　霧は，微小水滴であるために単位体積当りの表面積が大きいですから汚染物質を吸収しやすく，また大気中の水滴量が少ないので，激しい大気汚染があると汚染物質が霧の水滴内に高濃度で溶け込んで強酸性の霧となり，人体に悪影響をおよぼします。

　大気汚染による人体被害で最も有名なのは，1952 年の**ロンドンスモッグ事件**です。この頃のロンドンは暖房に石炭を使っており，その年の 12 月に放射霧が発生する条件の中で強酸性の霧が出て，一週間で過剰に 4 000 人が亡くなったとされています。亡くなった

2. 暮らしの中の霧

人はおもに呼吸器系に疾患を持つ高齢者や幼児でした。このときのSO_2濃度は最大で 0.7 ppm であり，pH1.5 ～ 1.8 の霧が発生したと推測されています[48]。

　ロンドン型スモッグでは，煤煙（不完全燃焼で発生する炭素分やタール分を含む大気汚染物質の総称[13]）と二酸化硫黄が主要な汚染物質でした。これに対し，自動車排ガスをおもな起源とする窒素酸化物が原因となった大気汚染を**ロサンゼルス型スモッグ**と呼びます。ロサンゼルスの大気汚染は，1960 年代から 80 年代にかけて最も激しくなりました。私は 1980 年代半ばにロサンゼルスのパサデナにあるカリフォルニア工科大学（California Institute of Technology, 通称 Caltech）で 1 年間研究生活を過ごしましたが，9 階建てのミリカンライブラリーから構内のテニスコートを見下ろすと黄色に見えたことを印象深く覚えています。これは，自動車の排ガス成分である一酸化窒素が空気中で酸化されて生じた，有色の二酸化窒素が高濃度になったためです。ロサンゼルスでは大気汚染物質による目や呼吸器系への刺激が問題になっていましたが，pH2 以下にもおよぶ酸性の霧が頻繁に発生していました[49]。

　日本では 1970 年 7 月 18 日午後 1 時頃，杉並区の立正高校グランドで多数の生徒が「目が痛い」「咳き込む」「呼吸が苦しい」と訴え，意識をなくして倒れる生徒も相次ぎ，40 人以上が病院に運ばれるという，**光化学スモッグ事件**が起こりました[50]。この日の 1 時頃，立正高校から 7.3 km 離れた新宿区都立衛生研究所の光化学オキシダント濃度は 0.37 ppm にまで上昇し，視界も非常に悪く空気がよどんでいたとされています。気象庁によると 12 時の東京の気象観

2.5 酸性霧の環境影響

測値は，風速 2.2 m/s，気温 30.7 ℃，湿度 63％でした。現場は自動車交通量が多い環状 7 号線の側で，風がよどみやすい立地条件もありました。この日は SO₂ 濃度も高く，午後 2 時の世田谷保健所前で 0.13 ppm，大田区の糀谷保健所前では 0.23 ppm でしたから，極度に汚染した大気中で硝酸や硫酸が生じたことにより酸性の霧が発生していた可能性があります。当日，同様の症状を訴えた人は都内で 6 000 人以上にのぼりました。この頃には酸性雨により目が痛くなるという報告が各地であり，いずれも霧雨のときであったということです[51]。

コラム 7　大気汚染による酸や粒子状物質の生成

　大気汚染物質には，発生源から直接排出された**一次生成物質**と，大気中での反応によって一次生成物質から新たに生じた**二次生成物質**があります。一次生成物質として代表的なものには自然起源の海塩粒子や土壌の飛散によって生じる土壌粒子があり，人為起源物質としては煤煙や**二酸化硫黄**（SO₂），**一酸化窒素**（NO）などがあります。一方，二次生成物質としては**二酸化窒素**（NO₂），オゾン，**硫酸**（H₂SO₄）および硫酸塩，**硝酸**（HNO₃）および硝酸塩などがあります。粒子状物質においては，多くの場合に一次生成粒子のほうが二次生成粒子より大きなサイズとなっています。

　大気を酸性化する成分としては二酸化硫黄が最も重要ですが，これは自動車排ガスにはほとんど含まれず，**固定発生源**といわれる工場の排煙から排出されたものがおもです。この理由は，石油から沸点の低い成分として分離されるガソリンは小さな分子からなっており，その中には硫黄分がほとんど含まれていないからです。硫黄分は，工場で

55

2. 暮らしの中の霧

燃料として使われる石炭や，重油の構成成分である沸点の高い大きな分子中に含まれており，これらの燃焼により硫黄が酸化されて二酸化硫黄を生じます。この二酸化硫黄は大気中で，あるいは大気中の水滴に溶け込んだ後に，酸化されて硫酸となります。硫酸は沸点が高いので大気中で気体となることはなく，水滴としてあるいは水滴に溶け込んで存在するか，もしくはアルカリ性の成分と反応して粒子となります。一方，一酸化窒素は燃料中に含まれている窒素分の酸化でも生じますが，おもには大気中の酸素（O_2）と窒素（N_2）から，つぎの反応によって生成するものです。

$$N_2 + O_2 \leftrightarrows 2NO$$

この反応は温度上昇に伴って急激に促進されるため，高温燃焼過程において NO は発生します。このため，固定発生源だけでなく，自動車のエンジンルームのような**移動発生源**からも生じます。この一酸化窒素は大気中で酸化されて二酸化窒素になり，さらにさまざまな反応生成物質を生じます。その中の代表的な成分である硝酸は，沸点が低く気体として生成しますが水滴に容易に溶け込み，また反応性が高いので，硫酸と同様にアルカリ性の成分と反応して粒子となります。

大気中の硫酸や硝酸は，おもに二酸化硫黄や二酸化窒素と**ヒドロキシルラジカル**（$\cdot OH$）が反応することによって生じるとされています。ラジカルとは不安定な電子配置を持った物質のことですが，このヒドロキシルラジカルは大気中にきわめて微量にしか存在しないものの，きわめて反応性が高い物質です。このラジカルの生成は一酸化窒素の生成に始まり，一酸化窒素が酸化されて二酸化窒素を生じたあと，光による分解や水分子との反応などによって生じます。このときの反応過程は，炭化水素が介在することにより反応速度が早まります。全体の反応過程は複雑ですが，途中の経路を除いてまとめると，二酸化窒素と水との反応としてつぎの式で表すことができます。

2.5 酸性霧の環境影響

$$NO_2 + H_2O \rightarrow NO + 2 \cdot OH$$

　なお，二酸化硫黄から硫酸が生成する過程は，気相だけでなく液相においても進行し，水に溶けた後に酸化されることによって硫酸になります。また硝酸の生成反応として，ヒドロキシルラジカルの代わりにオゾンと水分子が関与し，夜間に進行する気相反応も知られています。

　ヒドロキシルラジカルと同様な過程で発生し，いまも日本の各地で高濃度で観測されている気体成分が，**オゾン**（O_3）です。オゾン以外の大気中の酸化性の高い物質も含めて**光化学オキシダント**と呼ばれていますが，そのほとんどはオゾンです。大気汚染物質の濃度は近年いずれも減少傾向にありますが，オゾン濃度のみは明瞭な減少傾向がみられません。オゾンは一次生成物質である一酸化窒素が酸化されて生じた二酸化窒素がさらに分解されて一酸化窒素に戻り，そのとき生じた酸素原子と酸素分子が反応することで生じるものです。上記をまとめるとつぎの反応式で表されます。

$$NO_2 + O_2 \rightarrow NO + O_3$$

しかし，実際にオゾン生成に至るまでの反応には炭化水素も関与し，生成までのプロセスは複雑で時間を要します。このため，オゾン濃度は一次生成物質の一酸化窒素の発生源である大都市から少し離れたところで高くなります。また，生成過程に光が関わるため，濃度の時間変動が非常に大きくなります。地域によってはいまも，オゾン濃度が高くなって**光化学スモッグ注意報**（光化学オキシダント濃度が 0.12 ppm 以上になり，その状態が継続すると予想される場合に発令）が頻繁に発令されており，発令時には健康被害を避けるために屋外での活動を控えるよう，注意がなされます。

　硫酸と硝酸を大気中の**強酸**（強い酸性を示す酸）の代表例として述

57

2. 暮らしの中の霧

べましたが，これら以外の強酸として塩酸も重要です。塩化ビニルのような塩素を含む物質が燃焼すると塩化水素（HCl）を生じ，塩化水素が水に溶けると塩酸になるわけですが，近年は固定発生源の排出規制が強化され，二酸化硫黄と同様に塩化水素もほとんど排出されません。塩化水素は，海塩粒子中の塩化ナトリウムと大気中に含まれる硫酸や硝酸との間でのつぎの反応が，都市部での主要な発生源となっています。

$$2NaCl + H_2SO_4 \rightarrow Na_2SO_4 + 2HCl \uparrow$$
$$NaCl + HNO_3 \rightarrow NaNO_3 + HCl \uparrow$$

　以上に述べたような過程で生じた硫酸，硝酸，塩化水素が，雨や霧を酸性化させます。酸性化した雨や霧は，大気中のアルカリ性成分であるアンモニアガスや土壌粒子中のカルシウム塩などと反応して，酸性度が低下します。大気汚染が激しかった 1960 年代の頃は，酸性成分のほうが多かったのでエアロゾル中の硫酸塩はおもに硫酸水素アンモニウム（NH_4HSO_4）でしたが，現在は硫酸アンモニウム（$(NH_4)_2SO_4$）が多くなっています。近年，日本では排出規制が強められた結果，固定発生源から発生する二酸化硫黄や窒素酸化物だけでなく移動発生源からの窒素酸化物の排出量も減少してきており，その結果，雨のpH は上昇傾向にあり，酸性度の高い霧の発生件数も減少しています。ただし，近隣諸国の汚染は改善しつつあるものの十分ではないため，いまも日本国内において，越境汚染の影響を受けることがあります。

2.6　水の供給源としての霧

　霧は生態系に大きな恵みをもたらします。代表例となるのは熱帯や亜熱帯地方の雲霧林であり，そこでは降水量が多く，頻繁に霧が

2.6 水の供給源としての霧

かかるため多種多様な植物が生い茂っています。ほかの地域でも標高が高くなると，霧や3章で述べる霧雨による森林樹冠(じゅかん)（木の上部の枝葉の生い茂ったところ）への降水量が多くなり，雨による降水量を上回ることさえあります。砂漠地域でも，海に面した斜面だけ，植物が生い茂ったところがあります。これは，頻繁に発生する海霧が斜面に衝突してその地に落下し，水が供給されることによるものです。**図 2.3** はチリの海岸に面した斜面にある低木林ですが，海霧によって生まれたものであり，丘を越えた林の裏側には砂漠が広がっています。

図 2.3 海霧により生じた森林と隣接する砂漠（チリ）

世界の乾燥地域では，霧を水源として利用しようという試みが，**FogQuest**[52)]というカナダで設立された団体を中心になされています。これは，砂漠地帯の丘では雨は降らなくても霧は発生するため，丘の上に大きなネットを張って，このネットに霧の水滴を衝突させて水を得ようというものです[53)]。**図 2.4** はチリの砂漠の丘の上に設置されたネットですが，例えば12 m × 4 mの巨大な**霧水捕集**(きりみず ほしゅう)**ネッ**

2. 暮らしの中の霧

図 2.4　チリの丘の上の霧水捕集ネット

トにより，乾季でも 1 日に 0.15 m³ 程度の水が採取されます。開発途上国の水需要は 0.02 〜 0.07 m³/(日・人)なので，有用な水の供給源になり得ます。

　砂漠の生物にとっても，霧や露は貴重な水源です[54]。砂漠に住むゴミムシダマシという昆虫は，霧が出るとお尻を上げて羽の表面で霧を受け止め，しばらくして霧の水滴が溜まって頭の上を伝わって口まで落ちてきたところで，その水を飲んでいるのだそうです。また，砂漠の石は周りの空気と温度差を生じ，石の陰に露が発生するために水源となり，小さなオアシスのような生態系が生まれるのだそうです。

コラム 8　霧の国際会議

1998 年より，International Conference on Fog, Fog Collection and

2.6 水の供給源としての霧

Dew という国際会議が開かれています（ただし，2001 年の国際会議までの名称に Dew は入っていない）。この国際会議は，霧捕集ネットを世界に広めようとしている FogQuest のメンバーが中心になって組織されたものです。2023 年まででは 3 年おきに 9 回開催され，第 1 回カナダ（バンクーバー），第 2 回カナダ（セントジョンズ），第 3 回南アフリカ，第 4 回チリ，第 5 回ドイツ，第 6 回日本（横浜），第 7 回ポーランド，第 8 回台湾で，第 9 回はコロナ禍の影響で 1 年延期された後アメリカのコロラドで開催されました。

　日本で開かれた第 6 回**霧の国際会議**は，赤レンガ倉庫 1 号館 3 階ホールを会場として開催されました（**図**）。この国際会議は 150 〜 200 人程度の小規模な学会ですが，多くの国の研究者を集め，生活用水として利用するための霧や露の捕集，霧の気象学や観測法，霧による交通障害と対策，海霧の気象学，山岳部あるいは森林部の霧の化学と物理，霧氷の化学，露の地域特性比較および気象学，露の化学，といったさまざまな分野の研究発表が行われています。

(a) 霧の国際会議会場となった横浜赤レンガ倉庫

(b) 霧の国際会議参加者
図　霧の国際会議の様子

2. 暮らしの中の霧

2.7 暮らしの中の人工的な霧の利用

　人工的に発生させた霧はさまざまな目的で利用されています。その代表例は，湿度が低下する冬に活躍する加湿器でしょう。家庭用の加湿器は，沸騰させたり濡れたフィルタに風を送ったりして水蒸気の発生を促進させる方法によるものと，超音波によって生じた細かな水滴を噴出させる方法によるものとに大別されます。また，それらの組み合わせである場合もあります。一方，電子部品を扱う工場では，湿度が低下すると静電気が生じやすくなり作業工程に支障をきたすため，微細な水滴を霧状に噴霧することなどにより湿度を上げています。

　最近では暑さ対策として，人工的に霧を噴霧することもよく見かけるようになりました。微細な水滴は蒸発しやすく，この蒸発という液体から気体への相変化時に熱が奪われて周囲の温度が低下することで，暑さがしのぎやすくなるというわけです。

　微細化した液体は，このほかにも日常生活の中でさまざまに利用されています。少量の液体を物の表面に満遍なく塗布するために，塗料の塗布や農薬の散布，のどや鼻への液体の薬の吸入などで，噴霧という操作がなされます。また，殺虫・消臭・除菌などの目的で気体へ液体中の成分を混入させるためにも，噴霧がなされます。試料溶液を炎の中に噴霧して分析する原子吸光光度法や，誘導結合プラズマなどの分析機器の中でも，この操作は使われています。

　霧生成法の一つである**超音波霧化**には，分離への応用というユ

2.7 暮らしの中の人工的な霧の利用

ニークな用途があります。これは，アルコール水溶液に超音波を照射すると，生じた霧の液滴中のアルコール濃度がもとの溶液より高くなり，炭素数が多く水酸基の数が少ない疎水的なアルコールほど，液滴中への濃縮率が高まるというものです[55]。さらに，生じた液滴のサイズによって組成が異なるため，より精密で多様な分離の可能性が広がっています[56]。

　芸術的な面でも霧は利用されています。演出効果として白煙のように人工的な霧を発生させるのは，よく目にするところでしょう。霧の彫刻家，中谷芙二子氏は，各地の庭園や造形物の周辺で人工的に霧を発生させることによって幻想的な空間を作り出し，世界的に高い評価を得ています。

　霧化の技術は，生活の中の見えないところでも重要な役割を担っています。自動車のエンジンルームでは燃料を急激かつ爆発的に燃焼させ，これによる急激な体積増をピストンの駆動力として車を走らせています。このエンジンルームに間欠的に燃料を注入する際に，燃料を噴霧して導入します。石油を燃料とする火力発電所でも，燃料の石油は噴霧によって注入されています。これらのプロセスでは，微細な液滴を均一に，より効率良く噴霧することを目指して，現場の技術者が工夫を重ねています[57]。燃焼条件によって大気汚染の原因となる窒素酸化物の生成量も変化しますから，燃焼条件の制御は重要です。また，近年広く普及しているインクジェットプリンタでは，霧状に噴霧するわけではありませんが，方向を精密に制御しながら霧と同様なサイズの微細な液滴を印刷面に連続的に噴射しています。そこまで考えると，噴霧あるいは微細な液滴を作る技術は，

63

2. 暮らしの中の霧

人々の生活にとってきわめて重要であることがわかります。

コラム9　人工的に霧を発生させる方法

人工的に霧を発生させるにはさまざまな方法があります。まず思い浮かぶのは，加熱（湯気など）と冷却（ドライアイスによる空気の冷却など）でしょう。このような加熱あるいは冷却をすることなしに霧を発生させるため，図に示すようなさまざまな方法が行われています。

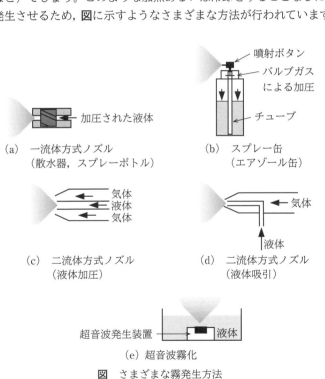

(a) 一流体方式ノズル
　　（散水器，スプレーボトル）

(b) スプレー缶
　　（エアゾール缶）

(c) 二流体方式ノズル
　　（液体加圧）

(d) 二流体方式ノズル
　　（液体吸引）

(e) 超音波霧化

図　さまざまな霧発生方法

2.7　暮らしの中の人工的な霧の利用

・**一流体方式の霧化：**　**一流体方式**は液体に圧力をかけて噴霧する
方法で，家庭で使われるのはほとんどこの方式です。加圧には，
散水器あるいはスプレーボトルのような液体への直接的な加圧
（図（a））と，スプレー缶のような**充填ガス**による加圧（図（b））
の場合があります。

　スプレーボトルでは，レバーがタンクの液体を吸い出して液体
を押し出す，手押しポンプの役割を担っています。水鉄砲のよう
な線状の流れにならないよう，噴霧口の手前でいったん流れを環
状にしたり，旋回させたりといったさまざまな工夫をして噴霧し
ています。

　一方，スプレー缶では噴射ボタンを押すことによりバルブが開
いて，数気圧に加圧されていた液体が噴霧されます。この充填ガ
スとして，以前はフロンガスが用いられていました。しかし，フ
ロンガスは反応性が低く安全性が高いのですが，成層圏に達する
と紫外線により分解され，いわゆるオゾンホールを作る原因物質
となります。このため，現在は液化石油ガス（LPG）やジメチルエー
テル（DME）がおもに使われています。スプレー缶の中の LPG
や DME の大半は液化して薬剤とともにあり，細い管から放出さ
れると一気に気化して薬剤と一緒に噴霧されます。これらのガス
は引火性が高いため，爆発や火災の原因になる危険性があり，使
用時には細心の注意が必要です。

・**二流体方式の霧化：**　**二流体方式**は高圧気体（空気）の流れとと
もに液体を噴霧する方式で，液体を加圧して送る場合（図（c））と，
ベンチュリ効果（流れの中の一部を細くするとその部分で速度が
増加し，低圧になって液体を吸引する）を利用して気体中へ液体
を取り込む場合（図（d））があります。噴霧口の形状や二つの流
体の流量や圧力を変えることにより，目的に合わせたさまざまな
サイズの液滴をさまざまな噴霧パターンで噴霧させることができ
ます[58]。

65

2. 暮らしの中の霧

・**超音波霧化**： 超音波による霧化（図（e））は，数 MHz の超音波を水に照射すると液表面に液柱が形成され，きわめて短時間のうちにそれが不安定となって微小液滴群が発生するので[59]，そこに送風することで行われます。

・**帯電噴霧**： 霧液滴を噴霧口で帯電させて噴霧する方式も用いられています。帯電させた液滴同士はおたがいに反発するので，より細かな霧となります。物体表面を反対の電荷に帯電させておくと，液滴は効率良く物体表面に捉えられるので，塗料の塗布などに有効です。

3 霧を科学する
―丹沢大山の霧の観測結果―

3.1　霧の採取方法

　私は 1986 年 9 月から 1 年間,カリフォルニア工科大学のホフマン教授の研究室で,酸性霧の研究を行いました。ホフマン研のグループは,大気汚染で有名なロサンゼルスで霧の研究を行い,ときにはpH2 を下回るほど酸性度の高い霧の頻繁な発生を報告するとともに,その発生プロセスを詳細に解析し,世界的に大きな反響を呼んでいました[49),60)]。帰国後,私は日本の山間部の霧の研究を始めることを計画し,さまざまな検討を経て 1988 年から丹沢大山にて霧の研究を開始しました。その後,2019 年まで,研究室のスタッフや学生とともに霧の観測を続けてきました。そのあらましと,その中で明らかになったことを,本章で紹介したいと思います。

　霧の研究を始めるためには,採取場所と採取方法を決めることが必要です。採取場所としていくつかの候補地を検討しましたが,最終的には大山阿夫利神社の許可を得て,その境内で採取を始めました。図 3.1 に大山の位置を示す地図と,大山阿夫利神社の写真を

3. 霧を科学する ——丹沢大山の霧の観測結果——

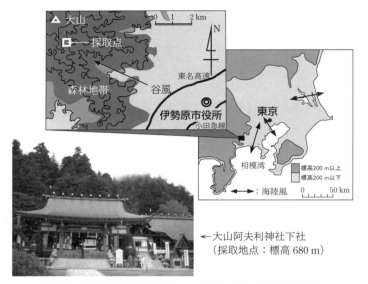

図 3.1 霧の採取装置を設置した丹沢大山と大山阿夫利神社

示します。採取点は霧が頻繁に発生することが必要ですが，大山阿夫利神社では以前にも神奈川県の研究機関が霧の研究を行っていたという実績がありました。大山は相模湾に面した独立峰で，雨降山とも呼ばれており，高頻度で霧が発生します。麓の伊勢原の湿度が高く，麓から山頂に向けて谷風が吹くときに，山では霧が発生するわけです。大山の麓の伊勢原は関東平野と相模湾との間を流れる海陸風の通り道にあたりますから，大山の霧は関東平野の大気汚染の影響を強く受けていることになります。大山は，私が勤務していた神奈川大学の横浜キャンパスから3時間くらいで行けるということも，研究を継続するうえで好都合でした。

3.1 霧の採取方法

　つぎに，採取装置の用意です。雨の採取では，上部が開いた容器を用意し，開けた場所に置いておけば採取できます。ただし採取期間が長くなると，木の葉や昆虫などの混入や蒸発をできるだけ防ぐ必要があります。また，目的によっては時間別の試料の採取も必要とされることから，さまざまな採取装置が提案されています[61]。一方，霧は雨の採取器ではまったく試料が採取されません。1988年当時の日本では，ネットとファンを組み合わせた霧の採取装置を使って，霧の採取が行われていました。霧が出そうなときに研究者が山に登り，霧が出たら装置のスイッチを入れ，霧の中で試料を採取する，というものです。霧の多くは夜間に発生することが多く，予測どおりに必ず発生するわけではないので，試料採取には大きな労力と危険が伴います。私が1年間滞在して研究したカリフォルニア工科大学のホフマン研では，**自動霧水採取装置**を使っていました[62]。そこで，日本の霧の採取装置を製作していた臼井工業研究所に，アメリカの装置を参考にした装置の製作を依頼しました。

　図 3.2（a）にその装置の概略を示します。霧センサは常時空気を吸引し，空気中に水滴が生じるとこれを電気的に感知してファンが回り始めます。霧の水滴は採取ネットに慣性衝突し，衝突した水滴が成長するとネットから下のロートに流れ落ち，一定量貯まると採取容器に流れ落ち，ターンテーブルが回転してつぎの採取容器が用意されるという仕組みです。ネットが装置の内部にあるため，霧の水滴よりも大きな雨滴は奥のネットまで届かず，途中で落下するために採取されません。また，霧の採取開始時間や採取容器の交換の時間はすべてコンピュータに記録されます。

　霧の採取を始めると，霧の発生時や消滅時に霧が薄くなったり濃

3. 霧を科学する ―丹沢大山の霧の観測結果―

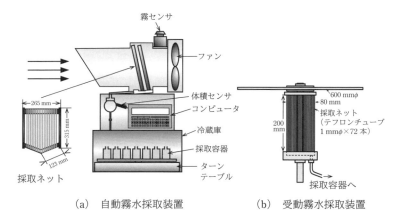

(a) 自動霧水採取装置　　(b) 受動霧水採取装置

図 3.2　2 種類の霧水採取装置

くなったりするために装置がオンオフを繰り返すことや，野外の装置ですから昆虫や枯れ葉が装置に入り込むことによるトラブルなどの問題が起こりました。これらを克服しながら，徐々に試料を安定して採取できるようになりました。世界の霧の採取方法としては，最初はアームの先に採取容器を付けて回転させ，霧と衝突させて集める方法なども試みられましたが，現在は図 3.2（a）に示した Caltech（カルテック）型と呼ばれる装置が世界標準となっています。

　図 3.2 の自動霧水採取装置は効率良く霧を採取できるのですが，電源が必要です。霧が頻繁に発生する山岳部において，電源が取れるところはまれです。そこで**受動霧水採取装置**を自作しました。この装置は世界的に広く使われていた採取装置とすでに使用を開始していた自動霧水採取装置を参考に，私の勤務先であった神奈川大学の機械工作センターに各部品の作製を依頼して研究室で組み立てま

した。図 3.2（b）にその外観を示しています。この装置は自動霧水採取装置と違ってファンが付いていませんから，この装置のネットに霧水が衝突するには，霧が発生するだけでなくその霧水をネットまで運ぶ風が吹いていることが必要です。上部の円盤は雨を避けるための傘で，降水量の少ない国ではこの傘を付けていない場合もありますが，日本では必要です（ただし，あまり大きな傘を付けると，吹き飛ばされる危険があります）。この装置は安価に作成可能なので，標高の異なる数箇所に設置して，標高ごとの霧の特性の違いを調べることができました。標高の低い大山中腹では一ヶ月に数mLしか試料が溜まらないこともありましたが，山頂ではつねに採取可能で，多いときは一ヶ月に2L以上の試料を採取できました。この大山山頂は年間平均で 25 〜 35 ％の時間，霧で覆われています。

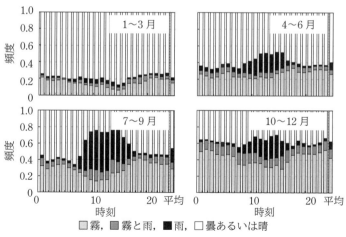

図 3.3 大山山頂における霧や雨の発生頻度の時間変動
（2019 年の視程計による観測結果）

3. 霧を科学する ―丹沢大山の霧の観測結果―

霧の発生頻度の時間変動を**図3.3**に示します[63]。ここでは視程計により計測した視程1 km未満の状況をすべて霧として示しています。昼間に霧の発生頻度は低下し，代わりに雨の時間が多くなり，夜間に霧の発生頻度が増加しています。季節的には，麓の湿度が低下する1～3月に頻度が低下し，10～12月に高くなるのがわかります。

コラム 10

大山の歴史といま [64), 65)]

標高1 252 mの大山は伊勢原市の西北西にあります。標高700 mの中腹にある大山阿夫利神社までは小田急伊勢原駅からバスとケーブルを乗り継いで登れるので，家族向けの登山コースとして多くの人に親しまれています。

大山の歴史は古く，関東地方から見ると富士山よりも手前にある独立峰であるために目立ち，紀元前から山岳信仰の対象となっていました。山頂は霧に包まれていることが多いため，雨降山と呼ばれて雨乞いの農民や火消しの信仰の対象となり，漁民にとっては航路の目印になったそうです。また，江戸時代の一般庶民にとっては大山に参拝するための小旅行が，大山詣(おおやままい)りとして大きな楽しみとなっていました。古典落語にも「大山詣り」という演目があるくらいです。江戸から歩いて往復で3～4日かかるため，山麓(さんろく)には宿坊(しゅくぼう)や土産物屋が発展しました。関東各地からの大山詣りのための道は大山道(おおやまみち)と呼ばれました。日頃，お参りできるのは現在の大山阿夫利神社までで，夏の例大祭の20日間のみ，男性だけが山頂まで登ることを許されたのだそうです。明治以降，神仏分離により大山阿夫利神社と大山寺に分かれました。

現在でも，伊勢原駅北口発大山ケーブル行きのバスの終点近くから大山ケーブル駅まで，宿坊，土産物屋，大山名物の豆腐料理屋などが

軒を連ねています。大山阿夫利神社の本社が山頂に，大きな神社（下社）がおよそ標高 700 m の中腹にあり，大山寺はケーブルカーの途中駅にあります。大山は，四季折々の自然の美しさを見せてくれます。大山阿夫利神社では多種多様な行事が行われていますが，なかでも 8 月 27 ～ 29 日まで行われる秋季例大祭では，下社を起点にしてバス終点の近くにある神社の社務局までお神輿を担いで下ろすお下りと，再び下社まで担いで戻すお上りが行われています。10 月上旬に実施される火祭薪能も 300 年の伝統があり，社務局の能舞台で能や狂言が披露されます。また，秋の紅葉の時期には大山寺の参道がライトアップされ，美しい紅葉を見ることができます。

　大山は自然が豊かで交通の便も良いことから，これからも多くの人に愛されていくことでしょう。

3.2　大山の霧の特性

　1988 年から自動霧水採取装置による霧の採取を大山中腹で始めましたが，非常に効率良く多量の試料が採取され，酸性の霧が頻繁に発生していることが明らかになりました。成分分析の結果，大山の霧の酸性化はおもに，自動車排ガスから生じた二酸化窒素がさらに酸化されて生じた硝酸ガスが霧水に溶け込んだことによるものでした。水素イオンの濃度として 0.001 mol/L なら pH3，この 10 倍の濃度の 0.01 mol/L なら pH2 になります。研究を開始した 1990 年頃の大山の霧の酸性度は高く，最も低い pH は 1.95 というものでした。酸っぱいレモンの pH がおよそ 2 ですから，かなりの酸性度であるといえます。1990 年頃の大山の霧の平均 pH は雨より 1 低く，pH3.6 でした。

3. 霧を科学する　—丹沢大山の霧の観測結果—

　pH3.5 以下になると植物の葉への直接影響がある[66]とされており，日本の雨でこのような酸性度を示すことはまずありませんが，霧では状況が異なります。大山中腹で霧の採取分析を始めると，霧の発生時間のうちの 1/4 は霧水の pH が 3.5 以下になっていました。

　霧は，酸性度も成分濃度も大きな時間変動を示します。そこで，その原因を調べました。霧の組成は大気汚染物質が溶け込むことによって決まるのですから，一番大きな濃度支配因子は大気の汚染度です。図 3.4（a）は，麓の大気汚染の指標として二酸化硫黄（SO_2）を用い，霧水の pH を麓の SO_2 濃度と比較して示しています。霧水の pH には大気汚染以外の因子も影響するためにデータはばらついていますが，大気汚染の増加により pH が低下することがわかります。図 3.4（a）の SO_2 濃度は 15 ppb 以下ですが，1960 年代の日本の SO_2 濃度の平均値は 60 ppb を超えていました。さらに，光化学スモッグ事件のときのように，SO_2 濃度もこれを酸化する光化学オキシダント濃度も高い条件下になるならば，pH の低い酸性霧が頻繁に発生していたことでしょう。

　図 3.4（b）は霧水中の硝酸イオン（NO_3^-）およびアンモニウムイオン（NH_4^+）濃度と，硫酸イオン濃度との関係です。この場合は同じ霧水中の分析値なので，非常に良い相関関係を示しています。SO_2 は硫酸に変わりますが，硫酸イオン濃度が多くなる条件下では大気中の硝酸ガスの取り込み量も増えて硝酸イオン濃度が増加します。また，これらの酸性成分が増加すると，大気中のアンモニアが酸性となった霧水を中和するためにより多く溶け込むことがわかります。なお，このアンモニアは酸性霧を中和しますが，地中に入ると微生物の働きによりしだいに酸化されて，最終的にはつぎの式の

3.2 大山の霧の特性

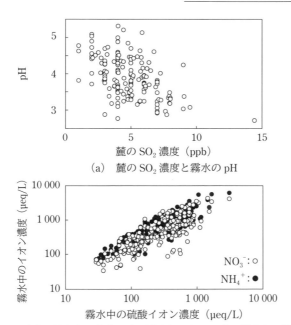

(a) 麓の SO_2 濃度と霧水の pH

(b) 霧水中の硫酸イオン濃度とほかのイオン濃度との関係

図 3.4 麓の SO_2 濃度と霧の pH，および霧水中の硫酸イオン濃度とほかのイオン濃度との関係（試料：1995年，大山 680 m 地点に設置した自動霧水採取装置による採取試料）

ように硝酸イオンに変わり，その過程で水素イオンを放出するため，土壌の酸性化に寄与します。

$$NH_4^+ + 2O_2 \rightarrow NO_3^- + 2H^+ + H_2O$$

霧水中の成分濃度は溶け込んだ物質の量を液量で割ったものですから，つぎに重要なのは大気中の霧水量です。液量が増加する，つ

3. 霧を科学する ―丹沢大山の霧の観測結果―

まり霧が濃くなり，大気中の水滴量が多くなると濃度が減少します。また，霧発生時の水滴量は少なく，しだいに増加して，消滅時には再度少なくなるので，霧発生時と消滅時に成分濃度は高くなります。

　霧水量に関連して，霧の水滴径も重要です。雨滴径も同様ですが，霧の水滴径は時間的にも空間的にも均一ではありません。発生時，消滅時に全体の水滴径は小さくなりますが，同じ時間に大きな水滴もあれば小さな水滴も存在します。また，水滴が小さくなるほど濃度は高くなり，pH が非常に低い水滴も含まれます。平均 pH の計算にはコラム 5 で説明した体積加重平均が使われますが，極端に低い pH の水滴が霧発生時や微小水滴中に存在しても体積としては小さいのでその存在が把握できないまま，植物の葉に付着して大きなダメージを与えていることがあり得ます。

　なお，水滴径ごとに分けた霧水の採取方法も考案されています。その装置は，霧の採取装置を同じ空気の流れの中にいくつも連ねて置いた形で，後段の採取部ほど採取口を小さくすることによってネットに衝突する流れをしだいに速くさせます。大きな水滴は容易にネットに衝突しますが，小さな水滴はネットに衝突せずに間をすり抜け，空気の流れに乗って後段まで行きます。しかし，そこで流れが速くなっていれば避けきれず，ネットに衝突して捕捉されるというわけです[67]。霧の水滴径ごとの分別採取の報告は多くありませんが，エアロゾルの場合では同様の原理に基づく粒径ごとの分別採取が広く行われています。

　山間部の森林地帯で発生する滑昇霧では，霧の最下点（**霧底**）近くで最も濃度が高くなるので，霧底が採取地点近くの場合は採取さ

3.2　大 山 の 霧 の 特 性

れる霧の濃度が高くなり，麓に近い標高の低い地点にも霧が発生して霧底が採取地点から遠くなると濃度が低くなる，ということがわかりました[68]。これを考えるうえでは，霧底の標高の把握が重要です。この霧底の標高は，雲の最下点の高度 h を予測する以下の**ヘニングの式**(しき)[5] を使って求められます。

$$h \ (\mathrm{m}) = 125 \ (T - T_\mathrm{d})$$

この式で T と T_d はそれぞれ，地表の観測点の気温（℃）と露点温度（℃）ですが，霧底の標高を求めるときは麓の観測点のデータを使って求めた値 h に観測点の標高を加えます。この式は，100 m 上昇すると，気圧の減少により体積が膨張し温度が1℃低くなる一方で，露点が0.2℃低くなるため，観測点の露点との温度差に対して0.8℃相当分だけ雲生成高度に近づくことを示しています。ここでの露点低下は，標高上昇に伴う気圧低下により，水滴を生じにくくなることが原因です。コンプレッサなどで空気に圧力をかけると，圧縮された空気中の水蒸気が容易に凝縮して水を生じますが，これはその逆の現象によるものです。気塊の気温が露点に近づくためには，100 m/0.8℃（＝ 125 m/℃）だけ標高が高くなる必要があることになります。

　霧の最下点がより低くなって採取地点から離れるにつれて，霧の水滴量も増加傾向になりますが，霧水に含まれる大気汚染物質の濃度は水滴量増加効果以上に低下しました。このことは，霧を含む気塊が斜面に沿って上昇する間に，霧水が樹冠に衝突して除去されながらも上昇によりさらに気温が低下して新たな霧水を生じ，溶けた

3. 霧を科学する　—丹沢大山の霧の観測結果—

物質の濃度が薄まっていくことを意味しています。じっさい，大山中腹の下社境内と山頂で同時に霧を採取したこともありましたが，山頂のほうが濃度は低くなりました。ただし，酸の濃度は山頂の霧のほうがかえって高くなり，pH が低下することもありました。これは二酸化硫黄や二酸化窒素を含む気塊が上昇する過程で，新たに硝酸や硫酸が生じたことによるものでしょう[69]。標高の上昇に伴って霧成分の濃度が減少するということは，樹冠が霧を除去する役割を担っており，樹冠に霧が沈降していることを意味しています。なお，1997 年からは許可を得て伊勢原市役所屋上に暗視カメラを設置し，大山の霧の最下点の標高を常時監視しました。ただ残念なことに，夜間は麓の商店街の灯りのために山の霧が暗視カメラでも判別できず，霧の最下点の観測は昼間に限定されました。

コラム 11　　　　　　　　　　　閉鎖系とみなされる霧

　大気中の現象を考える場合，周りの空気との交換が激しい**開放系**（かいほうけい）と，周りとの交換のない閉ざされた**閉鎖系**（へいさけい）とを区別して考える必要があります。雨を降らす雲を考えると，雲の水滴は気塊とともにつねに移動し，消えては新たに生じてさらに移動し，ある時点において成長して雨の水滴となって落下します。このような事象によって生じる雨は，開放系の事象といえます。一方，ある場所において霧が発生すると，その霧の発生している空間の中で気相と液相での反応が起こるとともに，水滴中への取り込みなども起こってきます。滑昇霧も，気塊が移動する中で霧が発生し移動していくプロセスです。このような霧を生じている気塊は，周りの空気との間での物質移動速度が非常に小さく，閉ざされた空間と考えることができます。このような閉鎖系は，エネ

3.2 大山の霧の特性

ルギー以外の外界との出入りを無視できるので，検討しやすい系となります。開放系と閉鎖系との区別を考えることは重要です。

　霧の濃度は時間変動するので，その原因の究明は興味深いことです。大気汚染物質の霧水内濃度の予測には大気中での反応や水滴への取り込みなどの検討も必要ですが，霧はこれらを検討しやすい閉ざされた空間（閉鎖系）での現象と考えることができます。ハーバード大学の D. J. Jacob 教授は，Ph.D. 取得前の Caltech 在籍時にこのような霧成分濃度の時間変動を解析し，高い評価を得ました[60]。

　それでは，閉鎖系の計算を実際にやってみましょう。1998 年 8 月下旬〜 9 月上旬の大山での集中観測時において，山頂での 12 時間ごとの硝酸ガス濃度は，0.05 〜 2.5 ppb の間で変動しました。そこで，1 ppb の硝酸ガスが存在する気塊に霧が 0.1 g m^{-3} の濃さで発生したとして，その霧の硝酸イオン濃度を計算してみましょう。そのときの気塊を 1 気圧（1 013 hPa），15 ℃として，コラム 2 のときと同様に，理想気体の状態方程式 $PV = nRT$ の式を変形し，1 ppb の硝酸ガスの濃度を mol m^{-3} の単位系で求めてみます。

$$\frac{n}{V} = \frac{P}{RT} = 101\,300\,\text{Pa} \times 1 \times 10^{-9} \div (8.314\,\text{J mol}^{-1}\,\text{K}^{-1} \times 288\,\text{K})$$
$$= 4.2 \times 10^{-8}\,\text{mol m}^{-3}$$

霧水は微小水滴として空気中に浮遊しており，硝酸ガスはきわめて水に溶け込みやすいため，硝酸ガスはすべて霧水に溶け込むと考えられ，水の密度を 1 g cm^{-3} として単位換算すると，1 L は 1 000 cm^3 ですから，霧水中硝酸濃度はつぎのように計算されます。

$$\text{霧水中硝酸濃度} = 4.2 \times 10^{-8}\,\text{mol m}^{-3} \div 0.1\,\text{g m}^{-3} = 4.2 \times 10^{-7}\,\text{mol g}^{-1}$$
$$= 4.2 \times 10^{-7}\,\text{mol} \div 0.001\,\text{L}^{-1} = 4.2 \times 10^{-4}\,\text{mol/L}$$

硝酸は霧水中で完全に電離しますから，これだけで pH が決まるとす

3. 霧を科学する　―丹沢大山の霧の観測結果―

ると pH3.4 となります。実際の霧では，さまざまな成分が存在して相互の反応が進行し，大気中の水滴量も変化し，さらには水滴や汚染物質の沈降あるいは樹冠への付着などによる系からの除去（沈着）も起こりますが，閉鎖系を仮定することにより霧水の成分濃度を概算することができます。

3.3　霧雨の寄与

　山道を歩いていると，雨は降っていないのに近くの森で雨滴が絶え間なく落ちていることがあります。これは，霧が樹冠に衝突して付着し，付着した水滴が大きくなって，樹冠から落ちてきたものであり，**樹雨**と呼ばれています。なお，あとに述べるように，樹雨には霧だけではなく霧雨も関与します。

　山間部の森に雨が降ると，雨滴は葉に付着してその後に流れ落ちますが，一部は葉の表面で蒸発します。葉の表面に溜まった水の一部は幹を伝わって流れ落ち，この流れを**樹幹流**と呼びます。このような要因により，標高が低い場所の樹冠下の雨，これを**林内雨**と呼びますが，この降水量は一般に林外の降水量（森林から外れた開けた場所の降水量）より少し小さな値となります。

　しかし，林内雨は標高が高くなるとしだいにその降水量が増加し，林外の降水量の数倍になることが知られています。この原因は，霧と，あとに述べる霧雨のためです。なお，林内雨は雨の採取器を樹冠下に設置することにより採取できます。一方，樹幹流の採取は，雨の採取器と同じというわけにはいかず，工夫が必要です。いくつかの方法が提案されていますが [61]，私たちはできるだけ樹木に負

3.3 霧雨の寄与

荷を与えないように，幹の周りにガーゼを巻き付けて採取しました。幹を伝わって流れ落ちる樹幹流の一部がガーゼに染み込み，ガーゼを伝わってより低いところに設置した容器に流れ込むわけです。この採取液量は林内雨の増加とともに増加し，大山山頂近くのスギの樹幹流では一ヶ月で20Lを越えることも珍しくありませんでした。

普通の大きさの雨滴は落下速度が大きく，風の影響がないときは上空から地面に垂直に落ちてきます。しかし，水滴が小さい霧や霧雨は図1.2に示したように落下速度が非常に小さく，風が吹くと，それに乗って横から樹冠に吹き付け，葉に付着します。このため，霧や霧雨が長時間続くと，林外の降水量は増えないのに林内雨降水量はどんどん増えてくるわけです。したがって，山間部の森林にとって，霧や霧雨は重要な水源であるといえます。**図3.5**に大山の標高に伴う霧の発生頻度の変化（図3.5（a））と，林内雨および受動霧水採取装置による試料採取量の標高依存性（図3.5（b））を示します。大山においても，麓に設置したカメラで確認される霧の発生

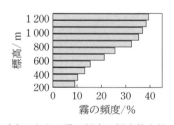 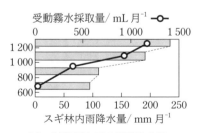

(a) 大山の霧の頻度の標高依存性　　(b) 試料採取量の標高依存性

図 3.5 大山の霧の頻度と林内雨降水量および受動霧水採取量の標高依存性（霧の頻度：2019 年の麓からのカメラによる観測結果，試料の採取期間：2019 年 4 〜 12 月）

3. 霧を科学する ——丹沢大山の霧の観測結果——

頻度は標高の上昇に伴って増加し，林内雨および受動霧水採取装置による試料採取量も，標高の上昇に伴って増加しました。

　大山の中腹の下社境内で自動霧水採取装置と受動霧水採取装置を使って霧を採取していると，自動霧水採取装置では霧発生時に 10 分程度でも 60 mL のボトル 1 本分の試料が採取できるのに，図 3.5 および**図 3.6** に示すように，受動霧水採取装置では試料は一ヶ月に数十 mL しか採取できませんでした。また，同じ場所で採取しているのに濃度や酸性度は自動霧水採取装置で得られる試料と大きく違っていました。一方，図 3.6 に示すように山頂に設置した受動霧

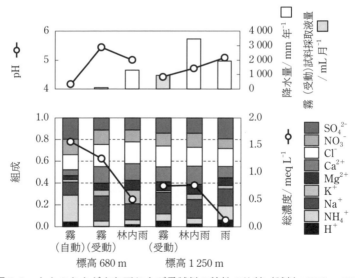

図 3.6　大山のさまざまな雨および霧試料の特性の比較（試料：2012 ～ 2013 年に採取したもの，自動：自動霧水採取装置による試料，受動：受動霧水採取装置による試料，林内雨：スギ樹冠下試料，雨：林外雨試料）

3.3 霧雨の寄与

水採取装置の採取量は多く，一ヶ月で2L以上採取できるときもありました。また，その濃度や酸性度は，中腹の下社に設置した自動霧水採取装置によって採取した霧水試料とは異なっていました。山頂の受動霧水採取装置で得られた試料の濃度や酸性度は林外で得られた雨の試料とは異なり，林内雨の試料とは類似していましたから，受動霧水採取装置で得られる試料は意味のあるものだとは思っていましたが，「霧とは何かが違っている」という疑問をずっと抱いてきました。この疑問が氷解したのは，およそ30年間の観測の終了間近なときでした。

　大山の受動霧水採取装置の採取容器の中に水位計を取り付け，山頂の気象状況と比較しながら水位の変化を測定してみました。そうすると，霧の発生による試料の採取時間は長いのですが水位の変化速度は小さく，一方で霧雨の発生時間は霧に比べて短いのですが水位の変化速度は大きいことがわかりました[63]。なお，霧雨であることは，山頂に設置した後方散乱式視程計により水滴直径が測定され，それが0.5 mm未満であることにより判別しています。この山頂の霧や霧雨の期間，同時に通常の大きさの雨が降らない限り，山頂に設置していた降雨強度計では降雨を確認できませんでしたが，スギ樹冠下に設置した林内雨用の降雨強度計では降雨が確認されました。また，私が勤める横浜の神奈川大学屋上に受動霧水採取装置を設置したところ，霧が発生していないときに試料が採取されることがわかり，この採取量の時間変動は降雨強度の時間変動と対応していませんでした。さらに，横浜に置いた受動霧水採取装置で得られた試料の濃度は横浜の雨と異なり，大山山頂の受動霧水採取装置で得られた試料と類似したものでした。

3. 霧を科学する ―丹沢大山の霧の観測結果―

これらのことから，「受動霧水採取装置や樹冠は霧だけでなく，水滴径が霧より大きな霧雨を効率良く採取している」という結論に至りました[70]。水滴径が 0.5 mm 未満の場合を霧雨と呼んでいますが，標高が高くなるにつれて増加したこの霧雨の正体は何なのでしょうか。いくつかの可能性が考えられます。雨雲から雨が降っても地表に届く前に蒸発する場合を**尾流雲**といいますが，麓では雨雲がかかっているだけで雨が降っていなくても，山岳部では雨が降っている場合があります。この場合，標高の上昇とともに霧雨のような微小水滴が多くなるでしょう。一方で標高が低下すると，気温の上昇により蒸発速度が増加するので，微小水滴は少なくなることになります。また，山岳部特有の滑昇霧の場合，標高の上昇に伴って水蒸気の凝縮が進むとともに，雲の成長の場合と同様に水滴の合体も起こるので，水滴径の増大が起こるでしょう。さらに，雨滴の粒径分布にはつねに幅があるので，多くの降水時において直径 0.5 mm 未満の霧雨の領域の雨滴を含んでいます。

霧雨や霧のような小さな水滴の場合，垂直方向の降雨を捉える降雨強度計に断続的に落下する水滴は蒸発し，時間が経過しても降水を感知しません。しかし平均風速 1 ～ 2 m/s 程度であっても，霧雨や霧は風に乗って移動し，受動霧水採取装置の採取部に連続的に衝突し蒸発速度にまさって捕捉され，樹冠にも同様に捕捉されます[63]。なお，その場合の採取量の標高依存性は大気中の水滴量だけでなく風速の違いにも影響されていることになりますが，風速は標高の上昇とともに少しずつ増加します。

このように霧雨も霧と同様に重要であり，地形や気象条件により変動する霧雨生成の要因については，さらに検討していく必要があるでしょう。

3.3 霧 雨 の 寄 与

コラム
12
観測の重要性

　山に登ると気温が低下することは常識です。100 m 高くなると気温
は 0.65 ℃，つまり 6.5 ℃ /km 低下するといわれます。しかしこれは
なぜでしょうか。この標高に伴う気温の変化は，つぎのように説明さ
れます。

　標高が高くなるにつれ，空気が薄くなり気圧が減少しますが，気塊
は気圧の減少のために膨張し，この膨張という仕事をしたことにより
温度が下がります。この場合の標高の上昇に伴う温度減少を**乾燥断熱**
減率といい，この値は 9.8 ℃ /km となります。

　一方で湿度が高い場合，温度が低下すると水蒸気が相変化して水滴
となり，このときに熱を放出するため，標高の上昇に伴う温度低下は
抑制されます。このときの標高に伴う温度低下を**湿潤断熱減率**と呼び，
この数値は気温と気圧に依存し，気圧が低いほどあるいは気温が高い
ほど数値は低くなりますが，大山の気象条件なら 6 ～ 4 ℃ /km となる
ことが多くなります。

　先の 6.5 ℃ /km という値は，これらの値の間にありますから，山の
温度を推測するうえでは便利な数値です。しかし実際に測定してみる
と，標高変化に伴う気温の変化は大きくばらつきます。

　図は大山の麓と山頂の同時刻における気温差を，麓の湿度に対して
示したものです。麓の湿度が低いときは，飽和して水滴が生じるには
湿度の開きが大きいため，気温差には乾燥断熱減率による予測値を中
心にしたばらつきがみられます。しかし，麓の湿度が高まると，気温
差は湿潤断熱減率による予想値を中心にしてばらついています。

　理論的な予測は実際の現象を大まかには説明していますが，自然界
ではほかの複雑な因子が働き，観測値には大きなばらつきがみられま
す。乾燥・湿潤断熱減率より小さな気温差を示し，山頂と麓との間の

85

3. 霧を科学する ―丹沢大山の霧の観測結果―

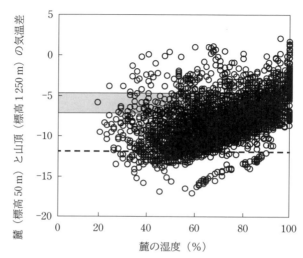

図 大山における標高の上昇に伴う気温差（観測値：2019年5～10月の毎時データ，湿潤断熱減率による予測値▨：6～4 ℃/km，乾燥断熱減率による予測値---：9.8 ℃/km）

気温差がほとんどないこともあります。これは，**逆転層**の生成といって，高度の上昇に伴う気温の減少が途中で逆転し，上昇するほど気温が高くなる現象によるものです。この気温の逆転は，寒冷前線や温暖前線の周辺や，高層気塊の低層への移動など，さまざまな原因によって起こります。一方，予測値以上に気温が低下している場合もあり，これは強風時などに起こります。

この結果からもわかるように，自然界で起こる現象には思いがけないことがたくさんあるので，常識とされることでも観測によって確かめてみることは非常に重要です。

3.4 酸性霧の植物への影響

　酸性霧は植物に悪影響を与えます。酸性霧が頻繁に発生する大山にはモミ林がありますが，私たちが霧の観測を始める前から立ち枯れして電柱のようになったモミが何本も見られ，問題になっていました[71]。さらに1990年頃には日本の各地の森林で立ち枯れが問題となりました。丹沢山塊では丹沢山や檜洞丸(ひのきぼらまる)山頂のブナ林の枯れが激しくなり，酸性雨との関連が指摘され，地元の神奈川県による調

(a) 大山のモミの立ち枯れ

(b) 丹沢山山頂近傍のブナの立ち枯れ
図3.7 丹沢山塊のモミとブナの立ち枯れ

3. 霧を科学する ―丹沢大山の霧の観測結果―

査が行われました[72]。**図3.7**に立ち枯れの様子を示します。

　この頃に行われた酸性雨による森林衰退に関するある学会のシンポジウムで，私も呼ばれて講演しましたが，参加者の一人から「植物はさまざまな原因で枯れるのに，どの山の森林が酸性雨で枯れたといえるのか」と質されました。私は酸性雨ではなく，より酸性度の高い酸性霧の影響を考えていましたが，推測するだけで証拠がなかったので，実験によって確かめることにしました。モミやブナ，それに大山で衰退がみられないスギの苗木を育て，二つのグループに分けて，片方の苗木のグループには大山の酸性霧の組成に近いpH3の酸溶液を，残りのグループには比較のためにpH5の溶液を噴霧し，その応答を比較するという研究を計画したわけです。

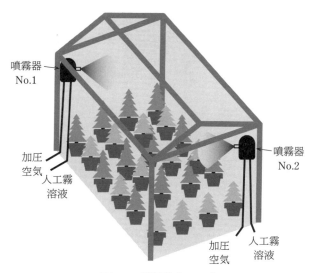

図3.8　霧暴露チャンバ

3.4 酸性霧の植物への影響

(a) pH3 の霧長期暴露後のモミ苗木の様子

pH3

pH5

(b) 異なる pH での霧長期暴露後のブナ苗木の様子

図 3.9 擬似酸性霧長期暴露の苗木への影響

3. 霧を科学する ―丹沢大山の霧の観測結果―

しかしながら，植物に関してはまったくの素人であったため，神奈川大学で同僚であった生物の先生に協力していただいて，やっと研究を始めることができました。

図3.8に霧暴露のためのチャンバを示します。アングルと塩化ビニルシートを使った可動式の手作りチャンバです。霧の暴露には二流体方式の噴霧器を使い，大山での実際の酸性霧発生の時間頻度を考慮して，週に2回2時間ずつ酸溶液を噴霧しました。植木鉢にはそれぞれ自動灌水装置を付けています。1年前後の長期暴露実験を何回か行い再現性を確認しましたが，いずれの場合もモミやブナには図3.9に示すように酸性霧による明らかな影響が現れ，酸性霧は森林衰退の一因になることが確かめられました。また，同様に森林衰退の一因といわれるオゾンの影響についても検討し，酸性霧に対して相加的な影響が確認されました。一方，大山で衰退がみられないスギでは酸性霧暴露による影響がほとんどみられず，酸性霧への耐性が高いことが証明されました。その後，さらに植物生理学の研究者の協力も得て，酸性霧の暴露により，ブナやモミでは酸による葉内成分の溶脱に始まるさまざまな生理学的な影響が現れることを明らかにしました [73)～79)]。

コラム 13　　総合科学としての環境研究

私は大学の工学部応用化学科（後に物質生命化学科）において，工業分析化学の研究室を主宰していました。霧の研究を開始すると，研究を進めるには分析化学にとどまらないさまざまな領域の学問に関わ

3.4 酸性霧の植物への影響

らざるを得ませんでした。

霧の試料を分析するには，まず採取装置の作成に取りかからねばなりませんでした。つぎに，どこで採取するかを検討する必要があります。また，霧と並行して林内雨を採取するなら，どの樹種の樹冠の下に採取装置を設置するかが問題となりますから，樹種の見分け方を知る必要があります。分析試料を採取しても，分析対象によっては容易に変質するものもあるので，どう保存するかを検討する必要があります。

分析の段階になると，水素イオン濃度のみは pH 計で求めた pH から 10^{-pH} mol/L として求まりますが，ほかの無機イオン濃度はイオンクロマトグラフという分析装置を使って求めます。分析においては，濃度の異なるいくつかの検量線溶液を作製し，検量線溶液と試料の信号の大きさとを比較することによって，濃度を求めます（大気中の粒子状物質や雨や霧などに存在する多量の無機イオンは，H^+，NH_4^+，Na^+，K^+，Mg^{2+}，Ca^{2+}，Cl^-，NO_3^-，SO_4^{2-} の 9 種なので，分析対象はこれらのイオンに限られます）。分析装置はときどきトラブルが起こりますから，機械のトラブルの解消に努めます。ときには検量線溶液の信号と濃度との関係を示す検量線に直線性がなかったりしますから，検量線溶液を作り直したり，分析上の問題がないかを調べて再測定したりします。

分析データが得られても，データを整理してみると，中には陽イオンと陰イオンのそれぞれの合計当量濃度が大きく異なるようなおかしなデータがあって，その原因を調べて人為的なミスがあればこの原因を除く必要があります。なお，樹幹流では有機酸濃度が高く，河川水や湖沼水などでは炭酸水素イオンなどの濃度が高くなります。大気試料以外の水の分析では，ほかの成分の濃度測定も重要になります。このようなさまざまなトラブルを解決して，検討に値するデータ群にして解析に入ります。

分析値を検討する段階では，さまざまな学問分野と関係します。気体成分が溶け込んだものなら，**ヘンリー則**と呼ばれる気体と水との間

3. 霧を科学する ——丹沢大山の霧の観測結果——

での分配平衡が問題になります。しかし，霧のように大気中に長時間浮遊する微小水滴では平衡を考えても良いですが，雨滴や露の水滴では気体から水への移行時に界面の拡散過程が抵抗となり，容易に平衡にはなりません。また，大気中の成分はその成分同士で，あるいは水に溶け込んだ後に他の成分との間で，化学反応が進行しますから，それぞれの反応速度も考慮する必要があります。その代表例として，大気中のホルムアルデヒドと二酸化硫黄は，水に溶け込んだ後に相互に反応して**ヒドロキシメタンスルホン酸イオン**（$HOCH_2SO_3^-$）という安定な物質を作り，水に溶けた二酸化硫黄の硫酸への酸化反応が抑制されます。このようなことがあるので，ときには無機イオンだけでなく有機物も分析対象とすることになります。

　本章で述べたように酸性霧が植物に影響するとなると，植物の勉強も，さらには土壌の勉強も必要です。これはさすがに，植物の研究者に協力を仰がなければ研究を始めること自体できませんが，データをまとめて論文を投稿する段階でも新たな洗礼を受けました。
　世界にはさまざまな学術雑誌が発行されていますが，論文を投稿すると，著述内容に科学的な矛盾はないか，その分野の専門の研究者が審査をします。これを**査読**といいますが，複数の査読者が掲載可という判断をして初めて論文が掲載されます。投稿したらそのまま掲載可の判断がされることはまずなく，査読者からさまざまなコメントがつきますから，これに誠実に応え，必要な修正をしていくというプロセスが，掲載可の判断をされるまでの間にあります。私が初めて植物関係の論文を書いて投稿したときは，A4で3ページくらいにびっしりとコメントがつき，途方に暮れたものでした。このときは，酸性霧が生物に悪影響を与えるといっても，生物は個体差があるので，結論は統計学的に正しいといえるのか，というのがコメントのおもなものでした。コメントの一つひとつに丁寧に答えていくことにより，幸いにも掲載可となりました。大変でしたが，勉強にもなりましたし，何よりもこのプロセスによって論文がより良いものとなったことに感謝したものです。

このほかにも，霧がいつどんな条件下で発生するのかは気象学の知識が必要ですし，霧や粒子状物質の採取や沈着などを扱うには流体力学の知識も必要です。研究を進める中で，環境科学は総合科学であることを実感させられました。ただし，環境研究を進めるには，まずはある分野で基礎を固め，それから範囲を広げ，必要なら他の専門家の協力を得ながら，さまざまな角度から問題に取り組むべきだろうと思います。最初から「総合的に」と考えると，すべてが浅いものになってしまうように思います。

3.5　丹沢山塊の霧および霧成分濃度の経年変化

　大山は丹沢大山国定公園の一部ですが，独立峰であって，ほかの丹沢(たんざわ)山塊とは谷を隔てています。3.4 節で述べたように，この国定公園の全域で樹木の衰退が問題となっていました。大山のモミの立ち枯れは 1950 年代には始まっており，1970 年代以降は丹沢山塊のブナの衰退が激しくなりました。この衰退の樹種の違いは，大山と他の丹沢山塊との植生の違いにあります。大山と他の丹沢山塊との間に位置する札掛(ふだかけ)のモミ林では，枯死は見られないものの衰退が 1980 年台から始まりました[72]。大山における衰退の発現が早く，かつ重度だったのは，大気汚染が激しかった関東平野に，大山が面していたからかもしれません。

　大山で酸性霧が頻繁に発生することは確認されましたが，大山は独立峰であり，大山以外の丹沢山塊で酸性霧が発生しているのかどうかは，調査の必要があります。1994 年から 1995 年にかけて，神奈川県の調査の一環として丹沢山塊の北側に位置する檜洞丸山頂付

3. 霧を科学する ―丹沢大山の霧の観測結果―

近で霧の採取分析が行われ，pH3.5以下の霧の発生が確認されています[80]。しかしデータが限定されていたため，2005年に神奈川県で行われた丹沢山塊の現地調査の際に，丹沢山塊の各地の大気汚染成分の濃度を測定する装置の設置回収をお願いしました。その結果，大山より低い傾向はあるものの，丹沢山塊全体で，山岳部としては高い濃度の大気汚染物質の存在が確認されました[81]。

　酸性霧の発生状況が大山と異なるかどうかを調べるため，2011年秋から2015年まで，雪に埋もれる冬を除いて，丹沢山塊での酸性霧の調査を行いました。調査を始めるにあたって，どこに採取装置を設置するかが問題になりますが，丹沢山塊は大山よりも規制が厳しく，ようやく山塊の入り口にあたる**鍋割山**（1 272 m）での調査が許可されました。そこで，鍋割山山頂近辺のいくつかの場所に受動霧水採取装置や林内雨採取装置などを設置し，毎月1回採取に出向きました。その結果，受動霧水採取装置による試料採取量は大山山頂と鍋割山山頂近傍ではほぼ変わらず，全濃度やpHもほとんど変わりませんでした。なお，海岸に近い大山のほうが，海塩起源のナトリウムイオンや塩化物イオンの割合は高くなっていました。

　以上のことから，丹沢山塊には大山と同様な濃度の大気汚染物質が存在し，同様な酸性霧の発生があることが確認されました[82]。このことから，丹沢山塊の山頂のブナ林も酸性霧の影響を長期間受けていたといえます。

　大山と，比較のための横浜の観測は，1988年から2019年まで続けましたが，その間にも大気汚染は全国的に大きく改善されました。特に二酸化硫黄濃度は，1960年代の60 ppb[83]からおよそ1 ppb[84]まで劇的に改善されています。硝酸ガスのもとになる窒素酸化物の

3.5 丹沢山塊の霧および霧成分濃度の経年変化

濃度も大きく低下しました。**図3.10**に全国の一般環境大気測定局で測定された日本の大気汚染物質濃度の経年変化[84]を示します。光化学オキシダントのみは明瞭な改善の傾向はみられませんが、ほかの汚染物質はすべて低下傾向を示しています。酸性化の原因となる硫酸や硝酸のもととなる二酸化硫黄や窒素酸化物の濃度が低下したため、大山で採取された雨や霧のpHも上昇傾向を示しています。このため、酸性霧を原因とする森林衰退が今後、日本で拡大する可能性は低下しています。

ただし大山山頂の霧も、冬季には北西方向からの季節風のために

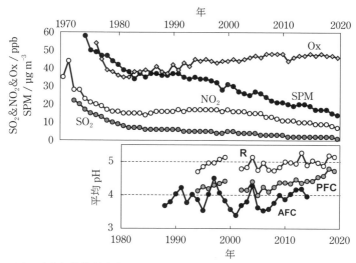

日本の大気汚染物質濃度の経年変化は、年平均値で示すが、Oxとして示す光化学オキシダントのみは昼間の最高1時間値の年平均値で表す。

図3.10 日本の大気汚染物質濃度と大山の霧と雨のpHの経年変化（R：雨の試料（大山山頂），AFC：自動霧水採取装置による霧水試料（大山中腹），PFC：受動霧水採取装置による霧水試料（大山山頂））

3. 霧を科学する ─丹沢大山の霧の観測結果─

越境汚染の影響を受け，酸性化することがあります。近隣諸国の大気汚染も改善されつつありますが，特に日本海側の地域，そして冬季の越境汚染の影響については当分の間,引き続き注意が必要です。

　日本の大気汚染は，古くは明治時代の足尾，日立，別子の銅鉱山の排煙問題に始まり，四日市のコンビナートからの排煙に代表される公害が1960年代に大きな問題となりました。その後，自動車の普及に伴い自動車排ガスが問題となり，これらの監視のために各地に大気汚染の観測施設が作られ，規制も徐々に強められていきました[85]。2021年の日本の大気汚染の測定監視体制としては，全国の住宅地などの生活空間に配置された一般環境大気測定局が858，道路周辺に配置された自動車排出ガス測定局が240あり，それらで得られた1時間ごとのデータを環境省大気汚染物質広域監視システム（そらまめくん）のURL[86]から見ることができます。これらのたゆまぬ努力により，大気汚染は以前よりもかなり改善され，この本でテーマにしている霧についても強い酸性の霧という形で発現する頻度は減少しました。

　東京にも，かつてよりも青い空が戻ってきましたが，国内の大気汚染は問題がなくなったといえるレベルではまだありません。WHO（世界保健機関）は大気汚染に関して，**PM$_{2.5}$**，**PM$_{10}$**，O$_3$，NO$_2$，SO$_2$，CO についての達成すべき最終目標[87]を上げていますので，日本の環境基準および2021年度の日本の平均値[84]とあわせて，**表3.1** に示します。PM$_{2.5}$ と PM$_{10}$ は，粒子状物質のうちそれぞれ2.5 μm 以下と 10 μm 以下とみなしうる粒径別粒子状物質濃度を示しています。WHO では気体については質量濃度で示している

3.5 丹沢山塊の霧および霧成分濃度の経年変化

表3.1 大気汚染改善の目標値

汚染物質	平均時間	WHO達成目標（　）内は15℃で換算した体積割合	日本の環境基準*	一般局年平均値（2021年度）
PM$_{2.5}$	年間	5 μg/m^3	15 μg/m^3	8.3 μg/m^3
	24時間	15 μg/m^3	35 μg/m^3	
PM$_{10}$	年間	15 μg/m^3	SPM 100 μg/m^3	SPM 12 μg/m^3
	24時間	45 μg/m^3		
O$_3$	高濃度8時間の高濃度連続6ヶ月	60 μg/m^3（30 ppb）		高濃度1時間の年平均47 ppb
	高濃度8時間	100 μg/m^3（49 ppb）	60 ppb	
NO$_2$	年間	10 μg/m^3（5 ppb）		7 ppb
	24時間	25 μg/m^3（13 ppb）	60 ppb	
SO$_2$	24時間	40 μg/m^3（15 ppb）	40 ppb	年平均 1 ppb
CO	24時間	4 mg/m^3（3.4 ppm）	10 ppm	年平均 0.3 ppm

* 日本の環境基準はWHO達成目標との比較のために簡略化して示している。正しくは以下のとおりである。ただし，環境基準にあるOx（光化学オキシダント）濃度とは，O$_3$濃度とほぼ等しい。PM$_{2.5}$とPM$_{10}$は粒子状物質を粒径別に分別分析したものであり，それぞれ2.5 μm以下と10 μm以下とみなしうる粒子の濃度だが，分別する機器の特性上，それぞれ2.5 μm以上と10 μm以上の粒子をわずかに含む。したがって，粒径10 μm以下に限定した粒子の濃度であるSPMの方が，PM$_{10}$より少し低い値になる。

〈環境基準〉

微小粒子状物質（PM$_{2.5}$）：1年平均値が15 μg/m^{3}以下であり，かつ，1日平均値が35 μg/m^{3}以下であること。

SPM：1時間値の1日平均値が0.10 mg/m^{3}以下であり，かつ，1時間値が0.20 mg/m^{3}以下であること。

Ox：1時間値が0.06 ppm以下であること。

NO$_2$：1時間値の1日平均値が0.04 ppmから0.06 ppmまでのゾーン内またはそれ以下であること。

SO$_2$：1時間値の1日平均値が0.04 ppm以下であり，かつ，1時間値が0.1 ppm以下であること。

CO：1時間値の1日平均値が10 ppm以下であり，かつ，1時間値の8時間平均値が20 ppm以下であること。

3. 霧を科学する ─丹沢大山の霧の観測結果─

ので, 気温 15 ℃として換算した体積割合 (ppb) でも示しています。日本の状況と比較すると, 二酸化硫黄や一酸化炭素は WHO 基準をほぼ満たしていますが, そのほかの物質には現状ではまだ課題があります。

これらの指標から, 総合的な大気汚染度の指標が Air Quality Index, **AQI** として提案されています。AQI は世界中のリアルタイムの値をネット上で見ることができます[88]。これを見ると, 世界には深刻な大気汚染に苦しんでいる国がまだ多くあることがわかります。また, 日本も十分安全とはいえません。近年, 温暖化のために, 予想外の気象現象が頻発しています。例えば長期間にわたって強い逆転層が発生したり, 気塊の移流が狭い地域で行きつ戻りつを繰り返したなら, 発生した汚染物質は拡散せず蓄積するので, 軽度の汚染源でもその近傍では時間とともに濃度が上昇していくことが考えられます。したがって大気汚染は, 今後も極力抑制していく必要があります。

コラム 14　大気中の水滴量の求め方

大気中の水滴量の把握は重要ですが, その求め方には試料ごとの工夫が必要です。

雨についての降雨強度は容易に求められ, その単位は長さ/時間です。例えば, 1 時間に 2 mm の雨, という表現がなされますが, 適当な容器を用意し, 時間を決めて降水時に採取した液量を測定し, その液量を採取口の面積で割ることにより求まります。つまり, 1 時間に 2 mm の雨とは, 1 時間に 1 m² 当り 2 L ($0.002\,\mathrm{m^3}$) の雨が貯まる ($0.002\,\mathrm{m^3/m^2} = 0.002\,\mathrm{m}$) ことを意味します。これを 1 m² 当りに貯まる雨の

3.5 丹沢山塊の霧および霧成分濃度の経年変化

質量として表すと 2 000 g m^{-2} となります。降雨強度と大気中の水滴量との関係は，つぎの式で表されるので，降水量のほかに落下速度がわかれば，大気中の水滴量を求めることができます。

大気単位体積中の水滴量（質量×長さ$^{-3}$）
　×水滴の落下速度（長さ×時間$^{-1}$）
　＝降雨強度（質量×長さ$^{-2}$×時間$^{-1}$）

あくまで概算ですが計算を試みると，まず降雨強度からそのときの平均的な雨滴径が予測され，雨滴径に対応した雨滴の落下速度もわかっています[5]。平均的な降雨強度を 2 mm/時とすると，雨滴の粒径分布を体積で評価したときの中間に当たる雨滴径は，これまでの知見から約 1 mm と予測され，この雨滴径に対する落下速度は 4 m/s になる[5]とされています。大気単位体積中の水滴量は，上式から「降雨強度/水滴の落下速度」ですから，時間の単位を同じにして計算すると，降雨強度 2 mm/時の大気中の水滴量はおよそ 0.14 g m^{-3} と概算できます。

一方霧については，自動霧水採取装置の場合，ネットに張ってある霧水採取線に衝突した霧の水滴は，ネットの線上に付着し，捕捉されます。そこで，採取装置のネット面の面積 a，ネットの霧水採取面（線の占める面積の総和）における衝突面積 b，霧水採取面の枚数 n とすると，つぎの式のように採取効率 X が求められます[62]。

$$X = 1 - \left(\frac{a-b}{a}\right)^{n}$$

この式の意味するところは，採取器中に引き込まれた霧は，$(a-b)/a$ の割合で採取線の間からすり抜け，つぎの採取面でも同じ割合ですり抜けるということを n 回繰り返すので，採取される霧の割合はネットの枚数が増えるに従って多くなる，ということです。この採取効率に

3. 霧を科学する　—丹沢大山の霧の観測結果—

より，大気中の水滴量は，つぎの式で求められます。

大気単位体積中の水滴量（質量×長さ$^{-3}$）
　×ファンの吸引風量（長さ^3×時間$^{-1}$）
　×吸引した時間（時間）×採取効率
　＝採取液量（質量）

なお，ファンの吸引風量がわからないときは，吸引口で測定される吸引風速と吸引口面積の積として計算できます。

3.6　大気中の水滴量と水滴径による特性の違い

　私たちの研究グループは，雨，霧，露だけでなく，もやの化学成分の特徴についても研究しました。もやは，霧よりも大気中の水滴量が少ないため，普通の採取方法では液体試料を採取することはできません。そこで，酸化マグネシウムを付着させたガラス板上にもやの水滴を衝突させ，その水滴跡のサイズと個数を求める方法で大気中の水滴量をまず求めます。さらに，10 μm 以上の粒径のエアロゾル試料を別途採取し，このうちの水溶性物質がもやの水滴中にすべて溶けているものとみなし，もやの水滴内濃度を求めました[89]。

　図 3.11 にもや，霧，雨，露の試料溶液の特徴を示しています。もやの濃度が一番高く，雨の濃度が一番低くなっています。これは同図にも示すように，大気中の水滴量が濃度を支配する大きな要因になっているためです。一方で，pH は霧が最も低く，露が最も高くなっています。雨と露の pH はあまり変わらないようにみえますが，同じ時期の雨と露を比較すると，露のほうが高くなります。露

3.6 大気中の水滴量と水滴径による特性の違い

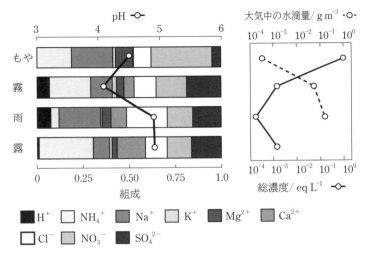

図3.11 もや，霧，雨，露の特性の比較（もや：2015年の横浜での試料，霧：2011〜2014年の大山中腹での試料（自動霧水採取装置により採取），雨：2015年の横浜での試料，露：1993〜2000年の横浜での試料）

は水平に置かれた採取器上で試料を採取するので，大気中に浮遊する粒子状物質が落下してくるためです。ただし，露は地表近くの大気汚染の影響で酸性になることもあり，pH分布がほかの試料よりも大きくなります。

コラム 15　露の科学

露とは，大気中の水蒸気が冷やされて物体の表面で生じた水滴のことです。私達のグループでは，1994年から露についても研究を始めました。当時，酸性の露により自動車の車体の塗料が剥げることが問題

3. 霧を科学する　─丹沢大山の霧の観測結果─

になっていました。

　最初は露をどのように発生させるか，が問題でしたが，試行錯誤の末，上面にテフロンシートを貼った90 cm四方で厚さ10 cmの発泡スチロール板を用いることにより，放射冷却がある朝に露を採取できるようになりました。露の発生量の時間変化を測定するために，大きな電子天秤上に先の発泡スチロール板を置くことにしました。露が発生する日の多くは風が弱いのですが，風が強い日は電子天秤の数値の変動が大きいので注意が必要です。試料は，テフロンシート上の水滴をへらで集めることで採取できます。試料量は日の出の頃にピークとなり，多いときは200 mL/m² 以上の水試料を採取できました。

　これまで述べてきたような，汚染物質が雨や霧に溶け込んで地表に沈降し大気から除去されるプロセスを**湿性沈着**といいます。これに対して，大気中の粒子状物質やガス成分が大気中の水滴に溶けた形ではなくそのまま地表に沈着し，同様に大気から除去されるプロセスを**乾性沈着**といいます。乾性沈着において，沈降する物体の表面が露で濡れていると，液表面で容易に捕捉され，その後の飛散は抑制されるので，その沈着速度は乾燥時の何倍にもなります。露水内の汚染物質濃度は高いのですが，土壌粒子のような自然起源の大きな粒子も露水中に沈着するため，露のpHは平均すると雨より高くなります[90]。1995年からの4年間に横浜の神奈川大学屋上で採取分析した雨と露のpHを比較すると，雨が4.66であったのに対して露は5.16であり，露のpHは雨より0.5高くなりました。ただし，露は雨よりpHが低くなることがあり，この測定期間の露の最低pHは3.05でした。なお，露では平板上の単位面積当りの液量を求めることになり，雨や霧と違って大気中の水滴量を求めることはできません。

　露の生成は古代ギリシャにおいて水の捕集のために利用されていたとされていますが[91]，現在も世界の乾燥地域で水の確保のための露の研究が続けられています。

4 大気環境の異変を告げる霧

　私の霧との関わりは，1986年のアメリカにおいて，大気汚染によって生じた酸性霧の研究に携わったことに始まります。その後，大山での観測と比較のための横浜での観測を1988年から2019年まで続けましたが，その間に大気汚染は大きく改善され，強酸性の霧の発生頻度は減少しました[92]。霧の環境科学では，これからどのようなことが課題となるのか，この本の最後に考えてみましょう。

　現代の最大の環境問題は温暖化であり，生態系がこのまま維持できるどうかという重大な岐路に立っています。化石燃料の燃焼により排出される二酸化炭素濃度の増加をおもな原因として，地球から放出されていた赤外線が宇宙に放出されずに地表近くで吸収される割合が増えると，地表に熱がこもり温度が上昇することによって，温暖化が引き起こされます。これは，寒くもないのに厚い布団にくるまれて寝ているようなイメージです。温暖化によって，さまざまな気候変動が引き起こされる可能性が指摘されています。気温が上昇していますが，それとともに海面水温も上昇しています。これにより海の生態系が変わりつつありますが，海面水温の上昇は海水の蒸発を促進しますから，大気中の水蒸気量を上昇させます。気温

4. 大気環境の異変を告げる霧

も上昇していますので飽和水蒸気圧は増加しますが，季節や場所によっては相対湿度が上昇し，霧発生頻度が増加する可能性があります。3章でも述べたように，予想外の激しい気象現象によって大気汚染が増幅される可能性があり，そこに霧が関与して，深刻な被害となることも考えられます。

　近年，温暖化に伴う大規模な**森林火災**が世界各地で起こっています。温暖化による気候変動の結果，豪雨の頻発とともに長期乾燥が起こり，山火事が広範囲に延焼する条件が生まれているためです。世界の森林火災面積は年間 800 万 ha（東京都の面積の約 40 倍）にもおよび，20 年で 2 倍近くに増加していることが報道されています。日本は湿潤な気候であるため，諸外国ほどではないですが，住民に避難勧告がなされる規模の森林火災は増加傾向にあるそうです[93]。森林火災では，発生した煙による大気汚染が起こります。煙に含まれるさまざまな大気汚染物質は凝結核となって霧の発生を促進するとともに霧に吸収されるため，山火事の後に高濃度に汚染された霧が発生し，山火事の被害をさらに増幅させる可能性があります。

　酸の沈着とは異なりますが，同様に大気汚染に関連する**窒素飽和**という現象の環境影響も懸念されています[94]。これは，つぎのような問題です。

　窒素は植物の成長に欠かせないものですが，空気中に多量にある窒素は不活性であり，直接利用することはできません。自然界では，マメ科植物の窒素固定や雷による大気中の窒素と酸素からの窒素化合物の生成，といった限られた供給源しかありませんでした。食物増産のために一時はチリ硝石という硝酸塩の鉱石が肥料の原料とし

104

4. 大気環境の異変を告げる霧

て使われた時代もありましたが，その資源は枯渇していきました。しかし，ハーバー・ボッシュ法と呼ばれる空気中の窒素と水素から工業的にアンモニアを生産する方法が実用化され，肥料をはじめとした窒素化合物の原料がふんだんに供給されるようになりました。さまざまな窒素化合物は，使用後に排水中に移動しますが一部はアンモニアとして揮発し，大気中のアンモニアはアンモニウム塩あるいはアンモニアとして地表に降下します。さらに，自動車のエンジンや工場などの燃焼過程では窒素酸化物が生成し，多くは触媒により還元処理され窒素ガスとなりますが，一部は大気中に放出されます。大気中に放出された窒素酸化物は大気中でさらに反応してさまざまな物質になりますが，最終的には地表に降下します。このようにして，窒素化合物が森林に過剰に供給されるようになりました。これを自然界の窒素飽和現象といいます。この現象により，森林では栄養のアンバランスが起こり，森林衰退につながることが懸念されています。地表に降下した窒素化合物には窒素ガスとして大気中に戻るものもありますが，水に溶けたアンモニウムイオンは最終的に硝酸イオンに変化します。森の中を流れる沢水が川や湖に流れ込んでそれが水源となり，飲料水中に硝酸イオンが過剰に入ると，健康に害があります。特に乳幼児においては，硝酸イオンを多量に摂取することにより体内で生じた亜硝酸が血液中でヘモグロビンと結合し，酸素欠乏症になるとされています[95]。

　大気中の水滴はこのような大気中の窒素化合物を取り込んで地上へ降下するわけですが，標高の高い山の森林では霧や霧雨が窒素化合物沈着のおもな経路となり，窒素飽和における重要な役割を担っています。

4. 大気環境の異変を告げる霧

　また，2011 年の福島第一原子力発電所事故時，大気中に放出された放射性物質は，風に乗って広範な地域に広がって地表に落下しました。このときの放射性物質はおもに**放射性セシウム**ですが，これは事故によって核燃料が溶融したときに高温になり，ウランの核分裂生成物質である放射性セシウムは沸点が低い（678 ℃）ために気化して，大気中で冷やされてセシウム塩として拡散したものです。このときの拡散過程は，従来の大気汚染物質と同様の挙動をとります。その結果，汚染した気塊が移流する過程で，霧や霧雨の発生しやすい高山の森林地帯の樹冠に放射性セシウムが多く沈降したことが報告されています[96]。

　世界ではいま，28 カ国で原子力発電所が稼働しています[97]。これらの国ではさまざまな軽微な事故だけでなく，重大な**原発事故**も起こってきました。1979 年のアメリカ・ペンシルベニア州のスリーマイル島原発事故，1986 年の旧ソ連ウクライナ共和国のチェルノブイリ原発事故，そして 2011 年の福島の原発事故がそうです。今後も世界のどこかで重大事故が発生すると考えられます。そのような事故時，標高の高い地域の森林地帯では，霧や霧雨が放射性物質の地上への沈着における主要な経路となるでしょう。

　以上述べたように，霧や霧雨は，地表の環境に大気環境の異変を最初に伝えるプロセスといえます。したがって，霧の観測は私達の住む地表の環境を守るうえで非常に重要です。

　環境影響を与えるさまざまな原因を改善し，自然の恵みという霧の本来の役割が発揮される環境を取り戻していきたいものです。

引用・参考文献

1) 気象庁：予報用語
   https://www.jma.go.jp/jma/kishou/know/yougo_hp/mokuji.html
2) Seinfeld, J. H.：Atmospheric Chemistry and Physics of Air Pollution, p.214, John Wiley & Sons（1986）
3) 山本　哲：霧をどうとらえるか：霧による交通障害減少にむけて, 第50回大気環境学会年会特別集会講演（2009）
4) 久保亮五, 長倉三郎, 井口洋夫, 江沢　洋 編：岩波　理化学辞典〔第4版〕, 岩波書店（1987）
5) 水野　量：雲と雨の気象学, p.45, 58, 98, 朝倉書店（2000）
6) 小倉義光：一般気象学, pp.74〜94, 東京大学出版会（1984）
7) 気象庁：気象観測の手引き, pp.48〜49（1998）
   https://www.jma.go.jp/jma/kishou/know/kansoku_guide/tebiki.pdf
8) D. J. ジェイコブ 著, 近藤　豊 訳：大気化学入門, p.150, 東京大学出版会（2002）
9) 井上君夫：霧を伴うやませの気象特性, 天気, **39**, 8, pp.459〜467（1992）
10) 気象庁：航空気象情報　実況・解析情報　霧プロダクト
    https://www.data.jma.go.jp/airinfo/index.html
11) 気象庁：第6章　ひまわり8号の画像を利用した霧の監視, 量的予報技術資料（予報技術研修テキスト）, **22**（2017）
    https://www.jma.go.jp/jma/kishou/books/yohkens/22/chapter6.pdf
12) 新村　出 編：広辞苑〔第五版〕, 岩波書店（1998）
13) 内田英治, 浅井冨雄 編：平凡社版　気象の事典, 平凡社（1986）
14) 北九州市平和のまちミュージアム：学芸員日記　原子爆弾投下目標だった小倉
    https://kitakyushu-peacemuseum.jp/原子爆弾投下目標だった小倉/
15) 厚生労働省：原爆放射線について

引 用・参 考 文 献

https://www.mhlw.go.jp/stf/newpage_13421.html

16) 青木　弾，吉田久美：アジサイの青色色素を青色細胞から直接検出！academist journal, https://academist-cf.com/journal/?p=10634

17) 国立天文台 編：理科年表 2024，p.425, 609，丸善出版（2023）

18) Rumble, J. R., ed.：CRC Handbook of Chemistry and Physics, 100th Ed., pp.6 〜 13, CRC Press（2019）

19) e-Stat 政府統計の総合窓口：統計で見る日本
https://www.e-stat.go.jp/dbview?sid=0000010102

20) vanLoon, G. W.,　Duffy, S. J.：Environmental Chemistry：A global perspective, 4th Ed., p.11, Oxford University Press（2017）

21) 石川　統ほか 編：生物学辞典，東京化学同人（2010）

22) 安田延壽：基礎大気科学，p.200, 201，朝倉書店（1994）

23) Tetens, O.：Über einige meteorologische begriffe, Z. Geophys., **6**, pp.297 〜 309（1930）

24) 沢井哲滋：霧の理解のために（普及講座），天気，**29**，7，pp.731 〜 747（1982）

25) May, K. R.：The Measurement of Airborne Droplets by the Magnesium Oxide Method, J. Sci. Instr., **27**, 5, pp.128 〜 130（1950）

26) Tanaka, T.：The Method for Measuring Water Droplets by Means of Polyvinyl Alcohol（Poval）Film，気象研究所研究報告，**23**，4，pp.287 〜 306（1972）

27) 宇敷建一，井伊谷鋼一：液滴径測定，粉体工学研究会誌，**13**，6，pp.315 〜 327, p.333（1976）

28) Droplet Measurement Technologies：FM-120
https://www.dropletmeasurement.com/product/fog-monitor/

29) 気象庁：海域別の海面水温の上昇率の特徴（関東沖海域）
https://www.data.jma.go.jp/kaiyou/data/shindan/a_1/japan_warm/japan_warm_larea.html?larea=3

30) 黒田六郎，杉谷嘉則，渋川雅美：分析化学（改訂版），pp.18 〜 20，裳華房（2004）

31) 気象庁：過去の気象データ検索
https://www.data.jma.go.jp/stats/etrn/index.php

32) 国立環境研究所：大気環境測定局データのダウンロード

引 用 ・ 参 考 文 献

https://www.nies.go.jp/igreen/tm_down.html

33) Klemm, O., Lin, N. H. : What causes observed fog trends : Air quality or climate change?, Aerosol Air Qual. Res., **16**, 5, pp.1131 ～ 1142 (2016)

34) Hu, Y., Yao, L., Cheng, Z., Wang, Y. : Long-term atmospheric visibility trends in megacities of China, India and the United States, Environ. Res., **159**, pp.466 ～ 473 (2017)

35) 山田忠雄ほか 編：新明解国語辞典〔第七版〕，三省堂 (2011)

36) 河原理子：フランクル『夜と霧』への旅，朝日新聞出版 (2017)

37) Brimblecombe, P. : Long term trends in London fog, Sci. Total Environ., **22**, 1, pp.19 ～ 29 (1981)

38) 大後美保 編：季語辞典　新装版，東京堂出版 (1998)

39) Wikipedia：夜霧のしのび逢い
https://ja.wikipedia.org/wiki/ 夜霧のしのび逢い

40) 東京航空地方気象台：羽田空港 WEATHER TOPICS，第 94 号 (2023)
https://www.jma-net.go.jp/haneda-airport/weather_topics/file/rjtt_wt20230331.pdf

41) 成田空港航空気象台：空のしおり，冬号，No.8 (2013)
https://www.data.jma.go.jp/narita-airport/data/Information%20Magazine-08.pdf

42) 銚子市観光協会：特集　祝！国の重要文化財に指定！
https://www.choshikanko.com/feature/祝国の重要文化財指定犬吠埼灯台・旧霧笛舎・/

43) e-Gov 法令検索：海上衝突予防法
https://elaws.e-gov.go.jp/document?lawid=352AC0000000062

44) e-Gov 法令検索：海上衝突予防法施行規則
https://elaws.e-gov.go.jp/document?lawid=352M50000800019

45) JAF：クルマ何でも質問箱　[Q] 濃霧走行時の注意点
https://jaf.or.jp/common/kuruma-qa/category-natural/subcategory-disasters/faq240

46) 新田　尚，住　明正，伊藤朋之，野瀬純一 編：気象ハンドブック（第3 版），pp.913 ～ 915，朝倉書店 (2005)

47) 鳥田宏行，福地　稔：防霧林による霧水量減少効果，日林北支論，

引 用 ・ 参 考 文 献

44，pp.27 ～ 29（1996）

48）Hileman, B.：Acid fog, Environ. Sci. Technol., **17**, 3, pp.117A ～ 120A（1983）

49）Waldman, J. M., Munger, J. W., Jacob, D. J., Flagan, R. C., Morgan, J. J., Hoffmann, M. R.：Chemical composition of Acid fog, Science, **218**, 4573, pp.677 ～ 680（1982）

50）朝日新聞：「東京立正高　大気汚染で新型公害」，および日本経済新聞：「東京の大気"毒ガス"に急変」（いずれも 1970 年 7 月 19 日）

51）環境庁地球環境部 監修：酸性雨―地球環境の行方，p.23，中央法規出版（1997）

52）FogQuest：Sustainable Water Solutions
https://fogquest.org

53）Klemm, O., Schemenauer, R. S., Lummerich, A., Cereceda, P., Marzol, V., Corell, D., van Heerden, J., Reinhard, D., Gherezghiher, T., Olivier, J., Osses, P., Sarsour, J., Frost, E., Estrela, M. J., Valiente, J. A., Fessehaye, G. M.：Fog as a fresh-water resource：overview and perspectives, Ambio, **41**, 3, pp.221 ～ 234（2012）

54）Broza, M.：Dew, fog and hygroscopic food as a source of water for desert arthropods, J. Arid Environ., **2**, 1, pp.43 ～ 49（1979）

55）安田啓司：超音波霧化の原理と分離特性，エアロゾル研究，**26**，1，pp.5 ～ 10（2011）

56）松浦一雄：超音波霧化分離法を用いた低沸点有機化合物の高濃度化と不揮発成分の濃縮，日本醸造協会誌，**108**，5，pp.310 ～ 317（2013）

57）鈴木孝司：液体燃料の微粒化技術，日本燃焼学会誌，**50**，153，pp.182 ～ 195（2008）

58）フォグエンジニア 霧のいけうち：2 流体ノズル製品カタログ
https://www.dry-fog.com/dldocuments/jp/catalog/900c.pdf

59）土屋活美，林　秀哉，藤原和久，松浦一雄：超音波霧化現象の可視化解析，エアロゾル研究，**26**，1，pp.11 ～ 17（2011）

60）Jacob, D. J., Hoffmann, M. R.：A dynamic model for the production of H^+, NO_3^-, and SO_4^{2-} in urban fog, J. Geophys. Res., **88**, C11, pp.6611 ～ 6621（1983）

61）酸性雨調査法研究会 編：酸性雨調査法：試料採取，成分分析とデー

引 用 ・ 参 考 文 献

タ整理の手引き，p.10, 156，ぎょうせい（1993）

62）Jacob, D. J., Waldman, J. M., Haghi, M., Hoffmann, M. R., Flagan, R. C.：Instrument to collect fogwater for chemical analysis, Rev. Sci. Instrum., **56**, 6, pp.1291 ～ 1293（1985）

63）Wang, Y., Okochi, H., Igawa, M.：Characteristics of fog and fog collection with passive collector at Mt. Oyama in Japan, Water Air Soil Pollut., **232**：260（2021）

64）川島敏郎：大山詣り，有隣堂（2017）

65）伊勢原市観光協会：大山エリア
https://isehara-kanko.com/area-oyama/

66）野内　勇：酸性雨の農作物および森林木への影響，大気汚染学会誌，**25**，5，pp.295 ～ 312（1990）

67）Moore, K. F., Sherman, D. E., Reilly, J. E., Collett, J. L.：Drop size-dependent chemical composition in clouds and fogs. Part I. Observations, Atmos. Environ., **38**, 10, pp.1389 ～ 1402（2004）

68）Igawa, M., Matsumura, K., Okochi, H.：High frequency and large deposition of acid fog on high elevation forest, Environ. Sci. Technol., **36**, 1, pp.1 ～ 6（2002）

69）Igawa, M., Tsutsumi, Y., Mori, T., Okochi, H.：Fogwater chemistry at a mountainside forest and the estimation of the air pollutant deposition via fog droplets based on the atmospheric quality at the mountain base, Environ. Sci. Technol., **32**, 11, pp.1566 ～ 1572（1998）

70）Igawa, M., Wang, Y.：Characteristics of fog and drizzle in Yokohama and in Mt. Oyama, Japan, Water Air Soil Pollut., **233**：533（2022）

71）杉本龍志，相原敬次，古川昭雄：森林衰退の現状─丹沢モミ林の場合─，第 30 回大気汚染学会講演要旨集，p.364（1989）

72）神奈川県環境部：酸性雨に係る調査研究報告書（1994）

73）Igawa, M., Kameda, H., Maruyama, F., Okochi, H., Otsuka, I.：Effect of simulated acid fog on needles of fir seedlings, Environ. Exp. Bot., **38**, 2, pp.155 ～ 163（1997）

74）Igawa, M., Okumura, K., Okochi, H., Sakurai, N.：Acid fog removes calcium and boron from fir tree：One of the possible causes of forest decline, J. Forest Res., **7**, pp.213 ～ 215（2002）

引 用 ・ 参 考 文 献

75) Igawa, M., Kase, T., Satake, K., Okochi, H.：Severe leaching of calcium ions from fir needles caused by acid fog, Environ. Pollut., **119**, 3, pp.375 ～ 382（2002）

76) Shigihara, A., Matsumoto, K., Sakurai, N., Igawa, M.：Growth and physiological responses of beech seedlings to long-term exposure of acid fog, Sci. Total Environ., **391**, 1, pp.124 ～ 131（2008）

77) Shigihara, A., Matsumoto, K., Sakurai, N., Igawa, M.：Leaching of cell wall components caused by acid deposition on fir needles and trees, Sci. Total Environ., **398**, 1-3, pp.185 ～ 195（2008）

78) Shigihara, A., Matsumura, Y., Matsumoto, K., Igawa, M.：Effect of simulated acid fog on membrane-bound calcium（mCa）in fir（*Abies firma*）and cedar（*Cryptomeria japonica*）mesophyll cells, J. For. Res., **14**, 3, pp.188 ～ 192（2009）

79) Shigihara, A., Matsumura, Y., Kashiwagi, M., Matsumoto, K., Igawa, M.：Effects of acidic fog and ozone on the growth and physiological functions of *Fagus crenata* saplings, J. For. Res., **14**, 6, pp.394 ～ 399（2009）

80) 丸田恵美子，臼井直美：酸性雨・霧，丹沢大山自然環境総合調査報告書，pp.81 ～ 88（1997）

81) 井川　学，永池英佑，中山槙子，松本　潔，内山佳美：丹沢山地における微量ガス成分の濃度分布，丹沢大山総合調査学術報告書（丹沢大山総合調査団 編），p.403, 404，平岡環境科学研究所（2007）

82) Igawa, M., Kojima, K., Yoshimoto, O., Nanzai, B.：Air pollutant deposition at declining forest sites of the Tanzawa Mountains, Japan, Atmospheric Research, **151**, pp.93 ～ 100（2015）

83) 環境省：図で見る環境白書　昭和 60 年
https://www.env.go.jp/policy/hakusyo/zu/eav14/eav140000000000.html#4_2

84) 環境省：令和 3 年度　大気汚染物質（有害大気汚染物質等を除く）に係る常時監視測定結果
https://www.env.go.jp/content/000139516.pdf

85) 坂本和彦，古谷圭一，竹本和彦，寺部本次：大気汚染の変遷と汚染物質濃度レベルの推移，大気汚染学会誌，**24**, 5-6, pp.367 ～ 375（1989）

引用・参考文献

86) 環境省大気汚染物質広域監視システム　そらまめくん
https://soramame.env.go.jp

87) 環境省：WHO global air quality guidelines の公表について
https://www.env.go.jp/council/07air-noise/y070-16b/900426527.pdf

88) 世界大気質指数プロジェクト：世界の大気汚染：リアルタイム空気質指数
https://waqi.info/ja/

89) Igawa, M., Kamijo, K., Nanzai, B., Matsumoto, K.：Chemical composition of polluted mist droplets, Atmos. Environ., **171**, pp.230 ～ 236（2017）

90) Takeuchi, M., Okochi, H., Igawa, M.：Deposition of coarse soil particles and ambient gaseous components dominating dew water chemistry, J. Geophys. Res., **108**, D10, pp.4319 ～ 4023（2003）

91) Nikolayev, V. S., Beysens, D., Gioda, A., Milimouka, I., Katiushin, E., Morel, J. P.：Water recovery from dew, J. Hydrology, **182**, 1-4, pp.19 ～ 35（1996）

92) Wang, Y., Okochi, H., Igawa, M.：Long term trends of dry and wet deposition of air pollutants at declining forest site of Mt. Oyama in Japan during 1994-2019, Water Air Soil Pollut., **234**：257（2023）

93) 朝日新聞：山火事被害，20 年で倍　年 800 万ヘクタール，温暖化影響
https://www.asahi.com/articles/DA3S15743852.html

94) 伊豆田猛：森林生態系における窒素飽和とその樹木に対する影響，大気環境学会誌，**36**，1, pp.A1 ～ A13（2001）

95) 環境省：硝酸性窒素等地域総合対策ガイドライン―技術・資料編―
https://www.env.go.jp/content/900539193.pdf

96) Hososhima, M., Kaneyasu, N.：Altitude-dependent distribution of ambient gamma dose rates in a mountainous area of Japan caused by the fukushima nuclear accident, Environ. Sci. Technol., **49**, 6, pp.3341 ～ 3348（2015）

97) 朝日新聞：「原発 3 倍宣言」の意味　鈴木達治郎教授に聞く：下
https://www.asahi.com/articles/DA3S15887254.html

あ と が き

　私は高校までを長崎で過ごし，1968 年に東京大学に入学しました。入学したその年から，大学紛争により無期限ストライキとなりました。紛争の中では大学，そして学問の社会的な意味も問われました。

　私は以前から化学に興味がありましたが，大学に在学した当時は日本の公害が最も激しい時代でもあったので，環境問題への関心を強めました。大学院では，海水の淡水化につながる逆浸透膜による分離の研究で博士号を取得し，その後に神奈川大学に助手として赴任しました。

　神奈川大学では教員の研究能力向上のために在外研究員として外国で研究経験を積ませるという制度がありました。そこで 1986 年から 1 年間，この制度を利用してカリフォルニア工科大学のマイケル・ホフマン教授の研究室で，酸性霧の研究を行いました。離任時のホフマン教授の勧めもあり，帰国後に霧の研究を始めました。

　その後，およそ 30 年フィールド研究を続け，試料採取のためにひと月に 1 回，研究室の助手（途中から制度変更により助教に名称変更）と分担しながら丹沢大山に，さらにそのうちの 2011 年からの 5 年間は丹沢山塊の鍋割山にも，研究室の学生諸君とともに登りました。天候が悪い日の登山は避けましたが，悪天候が続くとやむを得ず，比較的穏やかな日を選んで登らざるを得ませんでした。谷

あ　と　が　き

風をもろに受け，強風で吹き飛ばされそうになるときもありました。冬の大山は，山頂付近のみは雪で覆われた冬山となり，爪の付いたアイゼンを登山靴の下に履かなければ滑って登れなくなります。洗瓶というプラスチック瓶に純水を入れて持参し，採取器具類を現場で洗浄するのですが，洗瓶の水の出口が凍って使えなくなったときもありました。大変なこともありましたが，自然の中での試料の採取は総じて，楽しいものでした。

　信仰の山としても長い歴史を持つ大山は，四季ごとに異なった景色を見せてくれます。春は新緑，春から夏にかけてはさまざまな花が咲きます。秋は紅葉が美しく，中腹にある大山寺の山道の紅葉はライトアップされます。冬にはダイヤモンドダストも見ることができますが，冬の採取時に一度だけ霧氷を見ることもできました。1998年には他大学の研究者とともに，大山で集中観測を行いました。山頂の本社と山腹の下社に許可を得て学生とともに数日間宿泊し，霧や雨の試料採取を行いました。途中で台風が来て，下山を余儀なくされたりしました。真夜中の採取や雨や霧の中での採取は大変でしたが，大山から眺める夜景はとても綺麗でした。

　2020年3月に大学を定年で退任するため，2019年12月末に写真のように，その年の研究室のメンバー総出ですべての観測機器を撤去しました。この本では，30年あまりの霧の研究の中で知り得たことをまとめています。霧は自然現象として美しいものであるとともに，閉鎖系に近い気塊中での現象ですから雨よりも科学的に解析しやすい面があり，観測結果は多くの論文の形でまとめることができました。

あとがき

大山山頂にて

　この研究を長期に渡って続けられたのは，多くの方のご協力によるものです。大山阿夫利神社と伊勢原市役所には観測場所を提供していただきましたし，神奈川大学には研究を支援していただきました。また，ホフマン研の教授と研究室の皆様，特に研究を開始した頃にさまざまにご教示やご協力を頂いた多くの日本の研究者の方々にも感謝しています。そして何より，この研究を一緒に進めた私の主宰する研究室の学生諸君と研究室スタッフの皆様に，厚く感謝します。

　最後に，この本をまとめるにあたりコロナ社に御尽力いただいたことを付記し，謝意を表します。
　2025 年 2 月

井川　学

索　　　引

【あ行】

雨	11
アルカリ性	13
アンモニア	58
イオン強度	6
一次生成物質	55
一流体方式	65
一酸化窒素	55
移動発生源	56
移動平均	38
移流霧	25
ウィルソンの霧箱	52
海　霧	25
雲　海	51
雲霧林	58
エアロゾル	9
越境汚染	58
塩化水素	58
煙　霧	10
大　山	67
オゾン	57
温暖化	103

【か行】

海塩粒子	8
開放系	78
霞	11
滑昇霧	25
過飽和	24
川　霧	25
乾性沈着	102
乾燥断熱減率	85

気　塊	25
樹　雨	80
逆転層	86
強　酸	57
凝　結	11
凝結核	11
凝　固	15
凝　縮	15
霧	3
霧　雨	10
霧　底	76
霧の国際会議	61
霧の彫刻	63
霧プロダクト	10
霧水捕集ネット	59
雲	11
原発事故	106
光化学オキシダント	57
光化学スモッグ事件	54
光化学スモッグ注意報	57
氷	15
国際単位系	30
固定発生源	55
混合霧	25

【さ行】

査　読	92
三重点	15
酸　性	13
酸性雨	1
酸性霧	52
散　乱	4
視　界	12

索　　　　引

視　程	8
視程計	9
湿潤断熱減率	85
湿性沈着	102
湿　度	18
自動霧水採取装置	69
受動霧水採取装置	70
樹　冠	59
樹幹流	80
樹　氷	51
充填ガス	65
昇　華	15
硝　酸	55
蒸気圧曲線	16
蒸気霧	25
蒸　散	21
蒸　発	15
森林火災	104
水蒸気	15
水滴量	2
スモッグ	11
絶対温度	15
前線霧	25
そらまめくん	96

【た行】

体積加重平均	37
帯電噴霧	66
滞留時間	21
ダイヤモンドダスト	52
谷　風	25
単　位	30
丹　沢	93
窒素飽和	104
中央値	38
中　性	13
潮　解	24
超音波霧化	62, 66
露	101
土壌粒子	8

当量濃度	7

【な行】

鍋割山	94
二酸化硫黄	55
二酸化窒素	55
二次生成物質	55
二流体方式	65
濃　度	6
濃　霧	10

【は行】

煤　煙	54
煤　塵	34
箱ひげ図	39
万能 pH 試験紙	14
ヒドロキシメタンスルホン酸イオン	92
ヒドロキシルラジカル	56
比熱容量	18
尾流雲	84
沸　騰	16
ブロッケン現象	52
分　圧	16
噴　霧	62
平均値	37
閉鎖系	78
ヘニングの式	77
ベンチュリ効果	65
ヘンリー則	91
放射性セシウム	106
放射霧	25
飽和水蒸気圧	16
飽和水蒸気圧曲線	16
盆地霧	25

【ま行】

摩周湖	44
水	15
三次市	44

索　　　　　引

霧　化	63
霧　笛	48
霧　氷	51
霧　砲	48
も　や	10
モル濃度	7

【や行】

融　解	15
四日市ぜんそく	1
四大公害病	1

【ら行】

落下速度	4
理想気体の状態方程式	22
リトマス試験紙	14
硫　酸	55
粒子状物質	9
林内雨	80
ロサンゼルス型スモッグ	54
露　点	17
ロンドンスモッグ事件	53

◇

【英字】

AQI	98
FogQuest	59
pH	12
pH の平均値	38
pH メータ	14
PM_{10}	96
$PM_{2.5}$	96

ppb	31
ppm	31
ppq	31
ppt	31
SI 接頭語	31
SI 単位	30
SPM	34
Tarbert の公式	10

119

―― 著者略歴 ――

- 1949年　長崎県生まれ
- 1978年　東京大学大学院工学系研究科博士課程修了（工業化学専攻），工学博士
- 1978年　神奈川大学助手。講師，助教授を経て，1992年より教授
- 2020年　神奈川大学名誉教授

日本海水学会学会賞，日本イオン交換学会賞，大気環境学会学術賞受賞
日本海水学会会長，日本イオン交換学会会長，第6回霧の国際会議組織委員長，歴任

暮らしと霧の科学
Life and the Science of Fog　　　Ⓒ Manabu Igawa 2025

2025年4月10日　初版第1刷発行

検印省略	著　者　井　川　　　学（いがわ　まなぶ）
	発 行 者　株式会社　コ　ロ　ナ　社
	代 表 者　牛　来　真　也
	印 刷 所　壮光舎印刷株式会社
	製 本 所　株式会社　グ　リ　ー　ン

112-0011　東京都文京区千石4-46-10
発 行 所　株式会社　コ　ロ　ナ　社
CORONA PUBLISHING CO., LTD.
Tokyo Japan
振替 00140-8-14844・電話(03)3941-3131(代)
ホームページ　https://www.coronasha.co.jp

ISBN 978-4-339-06672-2　C3040　Printed in Japan　　　（西村）

JCOPY ＜出版者著作権管理機構 委託出版物＞
本書の無断複製は著作権法上での例外を除き禁じられています。複製される場合は，そのつど事前に，出版者著作権管理機構（電話 03-5244-5088，FAX 03-5244-5089，e-mail: info@jcopy.or.jp）の許諾を得てください。

本書のコピー，スキャン，デジタル化等の無断複製・転載は著作権法上での例外を除き禁じられています。購入者以外の第三者による本書の電子データ化及び電子書籍化は，いかなる場合も認めていません。
落丁・乱丁はお取替えいたします。

実験でわかる
電気をとおすプラスチックのひみつ

白川 英樹・廣木 一亮 共著

プラスチックは電気を通さないという通説をくつがえし，2000年ノーベル化学賞に輝いた導電性プラスチック。一見難しそうだが，じつは簡単に合成できる。本書では，学校や公民館などの講義やイベントで活用できる実験を紹介する。

実験動画はこちらから！

◆A5判 178ページ／本体2,000円／ISBN：978-4-339-06644-9

実験して科学の面白さを楽しもう！

実験でわかる
触媒のひみつ

廣木 一亮・里川 重夫 共著

実験動画はこちらから！

さまざまな生活必需品の生産に用いられ，豊かな暮らしには欠かせない触媒。難解な理論は避け，楽しい実験をとおして，触媒のしくみやはたらきを直感的に理解することを目指す。講義や実験教室の参考にも最適。実験動画も用意した。

◆A5判 168ページ／本体2,200円／ISBN：978-4-339-06760-6

定価は本体価格+税です。
定価は変更されることがありますのでご了承下さい。

図書目録進呈◆

シリーズ 21 世紀のエネルギー 13
森林バイオマスの恵み
- 日本の森林の現状と再生 -

日本エネルギー学会 編

松村 幸彦・吉岡 拓如・山崎 亨史 共著

日本の森林運営を経済的に持続可能とするためのポイントとして，素材，副産物，エネルギー利用，法律等による補助の4項目について解説。日本の森林の将来を考える方，日本の森林バイオマスの有効利用に興味がある方にお勧めの一冊。

書籍ページは
こちらから！

◆A5判174ページ／本体2,200円／ISBN：978-4-339-06833-7

将来の環境とエネルギーを考えよう！

日本エネルギー学会編：シリーズ 21 世紀のエネルギー
好評発売中！

- ❶ 21 世紀が危ない
- ❷ エネルギーと国の役割
- ❸ 風と太陽と海
- ❹ 物質文明を超えて
- ❺ Cの科学と技術
- ❻ ごみゼロ社会は実現できるか（改訂版）
- ❼ 太陽の恵みバイオマス
- ❽ 石油資源の行方
- ❾ 原子力の過去・現在・未来
- ❿ 太陽熱発電・燃料化技術
- ⓫ 「エネルギー学」への招待
- ⓬ 21 世紀の太陽光発電
- ⓭ 森林バイオマスの恵み
- ⓮ 大容量キャパシタ
- ⓯ エネルギーフローアプローチで見直す省エネ
- ⓰ 核融合炉入門

定価は本体価格+税です。
定価は変更されることがありますのでご了承下さい。

図書目録進呈◆